[英国] 约翰·波尔金霍恩 著　张用友　何玉红 译

量子理论

牛津通识读本·

Quantum Theory

A Very Short Introduction

译林出版社

图书在版编目（CIP）数据
量子理论／（英）波尔金霍恩（Polkinghorne, J.）著；张用友，何玉红译．—南京：译林出版社，2015.8（2021.11重印）
（牛津通识读本）
书名原文：Quantum Theory: A Very Short Introduction
ISBN 978-7-5447-5507-8

I.①量… II.①波… ②张… ③何… III.①量子论
IV.①O413

中国版本图书馆 CIP 数据核字（2015）第 110113 号

著作权合同登记号　图字：10-2014-197 号

量子理论［英国］约翰·波尔金霍恩／著　张用友　何玉红／译

责任编辑　许　丹　何本国
责任印制　董　虎

原文出版　Oxford University Press, 2002
出版发行　译林出版社
地　　址　南京市湖南路 1 号 A 楼
邮　　箱　yilin@yilin.com
网　　址　www.yilin.com
市场热线　025-86633278
排　　版　南京展望文化发展有限公司
印　　刷　江苏凤凰通达印刷有限公司
开　　本　635 毫米 × 889 毫米　1/16
印　　张　15.25
插　　页　4
版　　次　2015 年 8 月第 1 版
印　　次　2021 年 11 月第 11 次印刷
书　　号　ISBN 978-7-5447-5507-8
定　　价　39.00 元

序言

李淼

对于我们的世界，科学家有两套体系来解释。

第一套体系已经存在了300多年，这就是牛顿的力学体系，机械论。事实上，这套体系的核心概念至少存在了2000多年，从亚里士多德开始，认为世界像一个大钟一样一旦上紧了发条，就有条不紊地运行下去，直到永远。这套体系与我们的日常经验吻合，里面的概念都可以用我们眼睛看到的具体事物来实现。

第二套体系存在了不到100年，严格说来是90年，这就是几位最幸运的天才在1925年前后发现的量子力学体系。根据这套体系，我们人眼看到的并不是世界背后最基本的元素，例如一个物体的状态不可以用它的位置和速度来描述。根据海森堡，我们可以谈一个粒子的具体位置，也可以谈它的具体速度，但不能同时谈它的位置和速度。这样，我们熟悉的简单决定论就失效了：当我们知道粒子的位置时，为了预言它下一刻的位置，就必须知道它的速度。不确定性原理告诉我们，这不可能。

不确定性原理完全违背了我们的直觉。但事情不会到此为止，量子论总是给我们带来无穷无尽的麻烦。比如纠缠，这个现象说，相隔遥远的测量结果会互相影响，并且这种影响看起来是瞬时的，这就是量子物体之间神秘的纠缠。但是，你却不能通过这种纠缠实现瞬时通信，更不能实现心灵感应。

还有很多我们无法理解的事情，例如，你无法区别两个电子，它们不同于两个人，可以叫作张三和李四。两个电子确实有两个，但不能被我们标记为甲电子和乙电子。在某个时刻你看到的两个电子，在下一个时刻你已经无法区分谁是谁了。

我们可以将量子世界的特点一直罗列下去，但这不是这篇序言该做的事情。其实，这也不是英国著名物理学家约翰·波尔金霍恩（John Polkinghorne）在这本小书中想做的事情。量子世界虽然不可思议，就像该书首页引用的费曼名言“我认为我可以肯定地说，现在没有人理解量子力学”所说的，但如果没有量子论，太阳不会燃烧，原子会四分五裂，我们熟悉的整个世界会四分五裂。

这本书不能看作普及量子论的科普书，但它还是某种形式的科普。它不为完全不懂量子论的人解释量子论，但它梳理了量子的基本概念和性质。与普通量子科普书不同的是，作者想告诉我们量子世界是如何令人惊讶，物理学家如何试图把握这个理论，如何提出不同的解释，比如哥本哈根解释、新哥本哈根解释、隐变量、贝尔关于量子的非实在论的工作，甚至还有多世界解释——我们的世界通过事物之间的互相作用不断地分裂成更多的世界，等等。因此，这本书不仅应该推荐给普通人，更应该推荐给物理系的学生和物理系的教授阅读。

确实，阅读了这本小册子之后，我又重新理解了过去以为已经理解的各种理论，多世界也好，测量问题也好，意识在量子世界扮演的角色也好。反正，这是一本值得任何对自然抱有好奇心的人静下心来认真看一遍的书。我个人觉得这本书不那么容易懂，却还是要推荐给大家，书中的每句话都是作者认真思考过的。

最后，想谈一谈作者本人，约翰·波尔金霍恩。我们读研究生的时候，一些对量子场论和粒子物理学感兴趣的同学就已经熟悉他的名字了。他研究过夸克，以及粒子作用的一些性质。当我陷入超弦理论时，我还阅读了他和别人合著的一本关于粒子散射的名著。尽管他的物理学成就足以引起任何一位同行的敬意，让我觉得不可思议的是，他在中年时放弃了专业物理学家身份，成为一名专业牧师。当然，在成为专业牧师后他并没有放弃物理学，例如你手中的这本书就是他在2002年出版的。

当他退出物理学界时，他47岁，这是1977年，那时我快高中毕业了。他说，他在25年的物理学职业生涯中已经做了能够对物理学做的事，他的最重要的研究也许已经做了，因此，神职工作应该是最好的第二个职业生涯。确实，他在第二个职业生涯中做得十分出色，56岁时担任了剑桥三一教堂的院长，同时担任皇后学院院长，直到66岁退休。

波尔金霍恩除了专著外还写了几本科普著作，写得最多的还是科学与宗教的关系，一共26本，还获得了邓普顿奖金。他认为存在自由意志，这一点我很喜欢，因为我也相信人有自由意志。但他不认为自由意志与量子世界的随机性有关，我却坚定地认为人的自由意志与量子有关，不一定是简单的随机性，也许与霍金的“无界理论”有些关系，我不确定。不管怎样，他是我的一个榜样，成功地实现了第二个职业生涯，当然，我不是有神论者，我的第二个职业生涯将是什么我还很模糊。作为序言，我扯得有点远了，但我觉得了解作者本人对阅读他的著作有帮助。

谨以此书纪念

保罗·阿德里安·莫里斯·狄拉克

1902—1984

我认为我可以肯定地说，现在没有人理解量子力学。

——理查德·费曼

目录

致谢

感谢牛津大学出版社工作人员在书稿付印过程中提供的帮助，并且特别感谢谢利·考克斯在第一稿中给予的许多有帮助的建议。

约翰·波尔金霍恩

于剑桥大学皇后学院

前言

20世纪20年代中期，人类发现了现代量子理论。该理论带来了自艾萨克·牛顿时代以来人类认识物理世界本质的最重大变革。人们发现，曾经被认为是具有清晰、确定过程的地方，在亚原子基础上，其行为是模糊的、断断续续的。与这个革命性变化相比，狭义相对论和广义相对论的伟大发现，似乎仅仅是对经典物理的有趣改变。事实上，相对论的创始人阿尔伯特·爱因斯坦发现现代量子力学是如此不符合他的形而上学旨趣，以至于他直到临终时都在执拗地反对量子力学。可以毫不夸张地说，量子理论是20世纪最杰出的智力成果之一，而且它的发现对我们理解物理过程来说是一次真正的革命。

正因为如此，享受量子理论不应该成为理论物理学家独有的乐趣。虽然完整地描述这个理论需要使用它的自然语言——数学，但是，对于准备花一些精力来读完一个卓越发现的普通读者来说，它的许多基本概念还是可以被理解的。写这本书的时候，我考虑的就是这样的读者。本书正文不包含任何数学方程。在后面的简短附录中，我总结了一些简单的数学见解，它们可以给那些有能力消化更多知识的读者提供进一步的启示。（该附录的相关条目在正文中以粗体形式交叉指引。）

在最初发现之后超过75年的应用过程中，量子理论被证明是卓有成效的。目前人们自信且成功地将它应用于夸克和胶子（当代原子核物质基本成分的候选物）的讨论中，尽管这些物质最多只有量子先驱者们所关注的原子的亿分之一大。然而，依然存在一个深刻的矛盾。关于这一点，本书开篇引语有一些生动夸张的表述，代表了伟大的第二代量子物理学家理查德·费曼的看法，但事实显然是，虽然知道怎么得出结论，但我们对这个理论的**理解**尚不够充分。接下来我们将看到，重要的解释性问题仍然没有解决。要最终解决它们，不仅需要物理洞察力，还需要形而上学的决断。

年轻时，我有幸在保罗·狄拉克讲授其著名剑桥课程的时期，跟在他身边学习量子理论。狄拉克讲座的素材与他的拓荒之作《量子力学原理》基本一致。《量子力学原理》是20世纪科学出版物中真正的经典著作。狄拉克不仅是我个人认识的最伟大的理论物理学家，他纯粹的精神和谦逊的态度（他从没有丝毫强调过自己对物理学基本原理的巨大贡献）也使他成为一位励志人物和科学圣人。谨以本书纪念他。

第一章
经典物理的缺陷

现代物理科学的首次繁荣在1687年达到顶峰，其标志是艾萨克·牛顿的《自然哲学之数学原理》的出版。此后，力学作为一门成熟科学得以建立，并且能够以清晰确定的方式描述粒子运动。这门新兴科学看起来是如此地无懈可击，以至于在18世纪末，最伟大的牛顿力学继承者皮埃尔·西蒙·拉普拉斯做出了那个著名的断言：如果拥有无限的计算能力，并且知道某一时刻所有粒子的位置，人类就可以利用牛顿方程预测整个宇宙的未来，并且可以同样确定地反推宇宙的过去。实际上，这个有些骇人听闻的机械论断言始终摆脱不了人们对其狂妄自负的强烈怀疑。首先，人类自身就不能像时钟一样按部就班地自动工作。其次，牛顿力学的成就虽然毫无疑问非常引人瞩目，但其并没有囊括当时已知物理世界的方方面面，仍然有一些未解决的问题在威胁着对牛顿力学体系自足性的信心。例如，牛顿发现的普适的引力平方反比定律（万有引力定律）的本质和起源是什么？这是一个牛顿自己也拒绝给出假设来回答的问题。另外，光的本质问题也没有解决。这方面，牛顿倒是在一定程度上给出了一个推测性的看法。在《光学》一书中，牛顿倾向于认为光是由一束小粒子流组成的。这种微粒说与牛顿从原子论方面看待物理世界的倾向是一致的。

光的本质

现在看来，对光的本质的理解，直到19世纪，人们才取得真正的进步。19世纪伊始，即1801年，托马斯·杨给出了一个非常有说服力的证据，表明光具有波动性，这也证实了一个世纪以前与牛顿同时代的荷兰人克里斯蒂安·惠更斯的推测。杨氏实验的核心是我们今天称作干涉现象的效应，典型的例子就是光干涉实验中出现的明暗交替条纹。具有讽刺意味的是，牛顿本人已经发现了类似实验现象，今天我们称其为牛顿环。这类效应是波的特征，是按照如下方式发生的：两列波的叠加方式依赖于它们之间的相互振动。如果它们是同步的（物理学家的说法是相位同步），则波峰与波峰相互重叠，从而实现两列波间最大程度的相互加强。这种现象表现在光上就是明条纹。然而，当两列波完全不同步时（物理上指相位不同步），一列波的波峰与另一列波的波谷将会相互重叠，进而相互抵消。表现在光上，就会得到暗条纹。因此，明暗交替的干涉条纹的出现，毫无疑义地证实了波的存在。杨氏实验的结果似乎已经回答了光的本质问题，即光是一种波。

随着19世纪物理学的发展，人们对光的波动性的认识似乎变得更加清晰。汉斯·克里斯蒂安·奥斯特和迈克尔·法拉第的重要发现表明，电和磁这两种初看上去似乎特征迥异的现象，事实上彼此紧密相关。将电和磁以统一的方式进行描述的电磁理论最终由詹姆斯·克拉克·麦克斯韦完成。麦克斯韦是一位天才，说他可以与牛顿齐名并不为过。1873年，麦克斯韦在《论电和磁》一书中，给出了著名的电磁理论方程，该方程至今仍是电磁理论的基石，而《论电和磁》也是科学出版史上开创时代的经

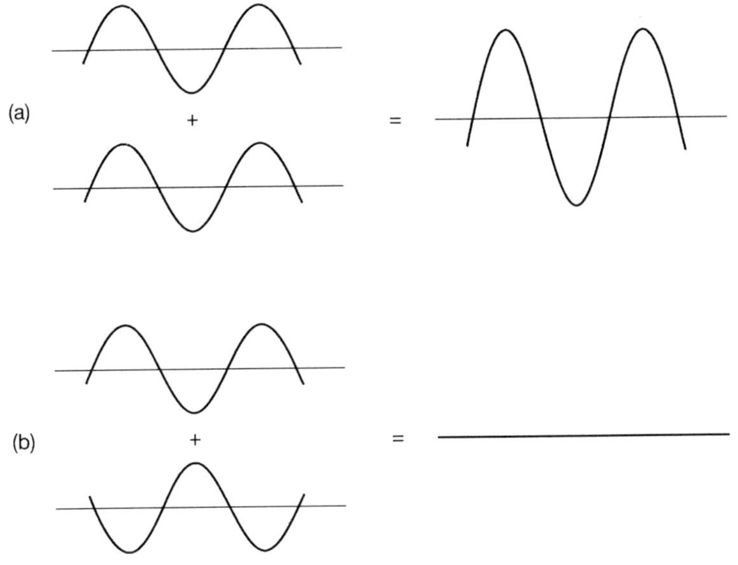

图1　两列波的叠加：(a)完全同步；(b)完全不同步

典巨著。麦克斯韦认识到这些电磁方程拥有波类型解，并且这些波的速度由已知的物理常数决定。而实际上，这些波的速度就是光速！

这个发现被视为19世纪物理学最伟大的胜利。光是电磁波的事实似乎被完全证实。麦克斯韦和同时代人认为这些波是弥漫于宇宙的弹性介质的振动，这种介质随后被称为以太。在一篇百科全书式文章中，他说以太是整个物理理论中证实最充分的物理对象。

我们把牛顿和麦克斯韦的物理学称为经典物理。到19世纪末，它已经成为一个壮观的理论大厦。当元老们，如开尔文勋爵，开始认为人们现在已经知道了所有物理学的重大思想，留待解决的只是以更高的准确性去处理细节时，简直一点也不令人吃惊。在19世纪八九十年代，德国的一个年轻人在思考他的学术事业时，被警告不要研究物理学。最好是到别的学科看看，因为物理学已经走到了路的尽头，没留下多少真正值得研究的东西了。这个年轻人的名字叫马克斯·普朗克，幸运的是他没有理会给他的建议。

事实上，在经典物理华丽的外表上已经开始显露出一些缺陷。在19世纪80年代，美国人迈克尔逊和莫雷已经做了一些聪明的实验，试图证明地球在以太中的运动。其思想如下：如果光确实是该介质中的波，那么测量到光速应该取决于观测者如何相对于以太移动。想象一下海上的波浪。从一艘船上观测到的它们的视觉速度，取决于这艘船是随着这些波浪运动还是逆着这些波浪运动，前者的速度要小于后者。设计这个实验的目的是比较光在两个相互垂直方向上的速度。只有当地球在进行测量时碰巧与以太相对静止，这两个速度才有望相同，而这种可能性可以通过在几个月后重复这个实验予以排除，那时地球在它的轨道中就向不同的方向运动了。实际上，迈克尔逊和莫雷探测不出任何速率上的差别。解决这个问题需要爱因斯坦的狭义相对论，该理论彻底摒弃了以太。这个伟大的发现并不是我们现在的关注点，不过应该注意到，相对论虽然意义重大且令人惊讶，却并没有放弃经典物理所具有的清晰性和确定性。这就是为什么我在前言中说狭义相对论所要求的革命性思想比量子理论所要求的要少得多。

光谱

量子革命的第一个线索实际上出现于1885年，虽然当时并没有被认识到。这个线索源自一名瑞士教师巴耳末的数学涂鸦。

他当时正在思考氢光谱，也就是从白炽气体发射出来的光经过棱镜后分裂成的一组分离的彩色条纹。不同颜色对应于所涉及光波的不同频率（振荡速率）。通过摆弄数字，巴耳末发现这些频率能够用一个非常简单的数学公式来描述（见数学附录**1**）。在那个时代，该发现似乎仅仅是一种好奇。

随后，人们试图用他们当时对原子的认识去理解巴耳末得出的结果。1897年，汤姆孙发现原子中的负电荷由微小粒子携带，这些微小粒子最后被命名为“电子”。用以平衡的正电荷被假定为只是简单地分布在整个原子中。这个观点被称为“梅子布丁模型”，电子相当于梅子，正电荷相当于布丁。光谱频率从而对应于电子在正电荷“布丁”中的各种振荡方式。然而，以在经验上令人满意的方式使这个观点实际起作用是极其困难的。我们将会看到，对巴耳末的古怪发现的正确解释，最终使用了一套非常不同的观点。同时，原子的本质可能太令人费解，因而这些问题没有引起大范围的关注。

紫外灾难

更加明显具有挑战性和迷惑性的是另一个被称为“紫外灾难”的难题，这个难题最先由瑞利勋爵于1900年发现。紫外灾难源自19世纪另一个伟大发现——统计物理的应用。这里，科学家们试图理解和掌握复杂系统的行为，复杂系统中具体的运动状态可以呈现很多不同的形式。这种系统的一个例子就是由许多不同分子组成的一种气体，其中每个分子处于各自的运动状态。另一个例子就是辐射能，它可能由许多不同频率的能量组成。追踪如此复杂的系统中正在发生的所有细节是不可能的，但是，它们整体行为的一些重要方面仍可以被计算出来。事实就是这样，因为整体行为是对许多个体成分运动状态的一个粗粒化平均的结果。在这些可能性当中，最有可能的那一个起支配作用，因为它表现出压倒一切的最大可能。基于最概然估计，克拉克·麦克斯韦和路德维希·玻尔兹曼得以证明，人们能够可靠地计算一个复杂系统整体行为的特定整体性质，例如，已知气体的体积和温度来计算气体的压强。

瑞利将统计物理的这些技术应用到黑体辐射问题上，研究能量是如何分布在不同频率之间的。所谓的黑体就是能够对入射到身上的辐射全部吸收，并能将它们全部再发射出去的物体。黑体的平衡态辐射光谱问题似乎是一个相当另类的问题，但实际上，在非常好的近似下黑体是可实现的。因此，这是一个从理论上和实验上都可以研究的问题，例如研究一个特制烤箱内部的辐射。这个问题可以通过以下已知事实来简化：该问题的答案仅取决于黑体的温度，而不取决于黑体结构的任何其他细节。瑞利指出，直接应用屡试不爽的统计物理思想将导致灾难性的结果。计算结果不仅与测量的光谱不一致，而且根本没有任何意义。计算结果预言，集中在高频处的能量将会无限大。这个令人尴尬的结论被称为“紫外灾难”。它的灾难性足够清晰：“紫外”是“高频”的另一种说法。灾难的出现是因为经典统计物理学预见到，系统的每个自由度（这里指辐射能够波动的每种特定方式）都将接受相同的固定能量，该能量大小仅取决于温度。频率越高，对应的振荡模式的数量就越多，结果就是高频区的任何东西都不受控制，进而堆积出无限能量。这个问题不只是经典物理学光鲜外表上的一个难看的瑕疵，更确切地说，它是大厦裂开的一个巨大漏洞。

一年内，已在柏林担任物理教授的马克斯·普朗克发现了一个非比寻常的方法来摆脱这个困境。他告诉儿子，他相信自己做出了一个与牛顿力学同样意义重大的发现。这看起来是在夸口，但是普朗克只是说出了朴素的事实。

经典物理认为，辐射是连续地渗入和渗出黑体的，就像水渗入和渗出海绵一样。在经典物理平滑变化的世界里，其他的猜测看起来都是完全没有道理的。然而，普朗克提出了一个相反的看法，认为辐射是在确定大小的能量包里不时地进行发射和吸收的。他指明这些**量子**（对能量包的称呼）之一包含的能量应与辐射的频率成正比。比例系数被认为是自然界的一个普适常数，现在被称为普朗克常数，并用符号h来表示。与日常经验中的尺寸相比，h的量级非常小。这就是辐射的这一间断行为以前没有被注意到的原因：一行小点非常紧密地靠在一起，看起来就像实线一样。

这个大胆假说的一个直接结果就是，仅在单量子能量明显很高的事件中能够发射或吸收高频辐射。与经典物理的期望相比，这个大能量的代价意味着高频事件被严重抑制。以这种方式化解高频困难，不仅消除了紫外灾难，同时还产生了一个与经验结果非常一致的公式。

显然，普朗克意识到的事情意义重大。但是究竟这个重大意义是什么，刚开始无论是他还是其他人都无法确定。人们应该对量子重视到什么程度？它们是辐射的永久特征，还是仅仅是辐射碰巧与黑体相互作用的方式的一个方面？毕竟，从水龙头上滴下的水形成了一串水量子，但是只要落到盆中，它们就与其他的水混合而失去了自己的特性。

光电效应

下一个进展是由一位时间充裕的年轻人完成的。当时这位年轻人是伯尔尼专利局的一名三级检查员。他的名字就是阿尔伯特·爱因斯坦。在爱因斯坦的奇迹之年——1905年，他做出了三项奠基性发现，其中之一被证明是量子理论展开中的故事的下一步。爱因斯坦通过研究光电效应来思考那些已经显现但令人费解的光性质（数学附录**2**）。光电效应是指一束光将电子从金属内部弹射出来的现象。金属包含电子，电子可以在金属内部四处移动（电流就是由电子流动产生的），但是电子并没有足够的能量使它们完全逃离金属。光电效应的发生一点也不令人吃惊。辐射将能量转移到被限制在金属内部的电子上，如果电子获得的能量足够多，就能够摆脱限制它们的力。按经典物理的方式来思考，电子将会被光波的"汹涌"所搅动，一些电子被搅动得足够厉害从而能够从金属中振动松脱出来。根据这个看法，由于光束的强度决定了它所包含的能量，金属中电子被光波搅动出来的程度将依赖于光束的强度，而不会预见到对入射光的频率有任何特别的依赖。事实上，实验显示出的是完全相反的情况。当低于一个特定的临界频率时，不管光束有多强，都没有电子被发射出来；相反，当高于那个临界频率时，即使非常弱的光束都能够发射出一些电子。

爱因斯坦看到，如果认为光束是一串持续量子流，这个令人费解的情况将立刻变得明白易懂。一个电子被发射出来是因为这些量子中的一个与其碰撞并且失去了全部能量。根据普朗克量子假说，那个量子中的能量值与频率成正比。如果频率太低，在一次碰撞中将没有足够的能量被转移以使电子能够逃离。另一方面，如果频率超过了某个临界值，将会有足够的能量使电子得以逃离。光束的强度仅仅决定其包含多少量子，因此也决定有多少电子被卷入碰撞并射出。增加光束强度不能改变在单次碰撞中被转移能量的多少。认真对待光量子（它们后来被称为“光子”）的存在，就可以揭开光电效应的神秘面纱。年轻的爱因斯坦完成了一个重大的发现。事实上，他最终因为这个发现而被授予诺贝尔奖，瑞典皇家科学院大概认为给他在1905年的另外两个伟大发现——狭义相对论和对分子真实性的令人信服的证明——颁发诺贝尔奖还是有疑问的！

光电效应的量子分析是一项伟大的物理学胜利，但是这项胜利似乎也付出了惨重代价。现在，该课题面临一个严峻的危机。如何调解19世纪那些关于光的波动性的伟大认识与这些新思想的冲突？毕竟，波是一种分散的、摆动的事物，而量子是粒子性的，像小子弹一样。两者怎么可能同时是正确的？相当长的一段时间，物理学家只得接受光的波粒二象性这种令人不快的悖论。试图否认杨和麦克斯韦或者普朗克和爱因斯坦任何一方的观点，都不会取得任何进展。人们只得勉强依靠经验，即使并不理解。许多人似乎已经开始这么做，他们采取了转移注意力这样相当怯懦的策略。但最终，我们会发现这个故事有一个圆满的结局。

核型原子

同时，物理学家的注意力从光转向了原子。1911年，欧内斯特·卢瑟福在曼彻斯特与一帮年轻的合作者一起，开始研究一些带正电的被称作α粒子的小抛射物冲击金薄膜时的表现。大多数α粒子受影响很小，直接通过，但令研究者非常吃惊的是，有一些α粒子的偏转非常大。后来卢瑟福说，这就像一个15英寸的炮弹打到一张薄纸片上却反弹回来一样令人惊讶。对于这个结果，原子的梅子布丁模型根本没有任何意义。α粒子本应该像子弹穿过蛋糕一样顺利穿过。卢瑟福很快认识到只有一个方法能摆脱这个困境。排斥带正电α粒子的金原子正电荷，不能像在布丁里一样分散开来，而必须全部集中在原子的中心。与这个集中正电荷的近距离相遇将有足够的能力来偏转α粒子。卢瑟福是一位出色的实验物理学家，但并不是一位伟大的数学家。因此，他能从在新西兰的大学时代就学习的古老力学教科书中跳出来，进而证明原子中心的正电荷被负电子所围绕——这个想法与他观测到的α粒子行为完美符合。梅子布丁模型立即让位给原子的"太阳系"模型。卢瑟福和他的同事发现了原子核。

这是一次伟大的成功，但是乍一看，似乎又是一个付出惨重代价的胜利。事实上，原子核的发现又让经典物理跌进最深的危机中。如果原子中的电子环绕着原子核转动，那么电子将不停地改变它们的运动方向。在此过程中，经典电磁理论要求它们应该辐射出一部分能量。因此，它们应该稳定地向原子核移近。这是一个真正的灾难性结论，因为这意味着原子不稳定，其组成部分电子会盘旋塌缩到中心。此外，在此衰减过程中，将会发射连续的辐射模式，看上去一点也不像巴耳末公式给出的分立的谱频率。1911年以后，经典物理学的宏伟大厦，不只是开始破裂，而且似乎受到了一场地震的袭击。

玻尔原子

然而，如同普朗克处理紫外灾难的情况一样，也有一位理论物理学家来拯救这个危机。他提出一个大胆而激进的新假说，从失败的虎口夺得成功。这次是一位年轻的丹麦人，名叫尼尔斯·玻尔，在卢瑟福的曼彻斯特实验室工作。1913年，玻尔给出了一个革命性的提议（数学附录**3**）。普朗克已经将能量渗入和渗出黑体的平滑过程这一经典理念，替换为能量以量子方式发射和吸收的断断续续的离散过程理念。从数学的意义上来讲，这就意味着一个物理量——比如能量改变——以前认为可以取任何数值，现在却认为仅能取一系列分立的值（包含1，2，3，……个量子）。数学家会说连续已经被离散取代了。玻尔看出，这可能是正在缓慢诞生的新物理学的总体趋势。他将普朗克应用在电磁辐射上的类似原理应用在了原子上。经典物理学家本来料想环绕原子核运动的电子轨道半径可以取任意值。玻尔提出用离散轨道要求来代替连续轨道要求，即轨道半径只能取一系列确切的值，并且可以进行枚举（即第一个轨道，第二个轨道，第三个轨道，……）。他还明确提出如何利用包含普朗克常数h的公式来确定这些可能的半径。（他的提议涉及角动量，这是一个测量电子旋转运动的物理量，和h有相同的物理单位。）

这些提议得到两个结果。一是重建了原子稳定性，这一点令人非常满意。一旦电子处于最小允许半径对应的状态（也就是能量最低的状态），电子将没有能量更低的地方可去，因此也就没有能量可以损失。当电子从大半径状态失去能量时，将不得不到达这个最低的能量状态。玻尔假设当这种过程发生时，多余的能量将会以一个光子的形式辐射出去。逻辑推论显示，上述想法直接导致了玻尔大胆猜想的第二个结果，即巴耳末公式对谱线的预测。差不多30年后，这个神秘的数值预测从一件无法理解的怪事变成了新原子理论的一个清楚明白的性质。谱线的锐利性可以看成是离散的反映，而离散也开始被认为是量子思维的一个典型特征。基于经典物理所期望的连续螺旋运动被极其不连续的量子跃迁所取代，即电子从一个半径允许的轨道跃迁到一个更小半径允许的轨道。

玻尔原子理论是一项伟大的成就。但是，从许多方面来说，它仍然只是对经典物理的创造性修补。事实上，玻尔的先驱性工作本质上就是修补，是给破碎的经典物理大厦打补丁。更进一步拓展这些概念的尝试很快就碰到困难，遭遇矛盾。这些努力后来被称为“旧量子理论”，是牛顿和麦克斯韦的经典思想与普朗克和爱因斯坦的量子观点的不自然、不协调的结合。玻尔的工作是展开量子物理历史至关重要的一步，但它仅仅是通往“新量子理论”道路上的一个补给站，新量子理论对这些奇怪的想法进行了完全整合和协调一致的解释。在新量子理论实现之前，另一个重要现象有待发现，它进一步强调了寻找方法来面对量子思维势在必行。

康普顿散射

1923年，美国物理学家阿瑟·康普顿研究了物质对X射线（高频电磁辐射）的散射。他发现被散射的辐射改变了频率。按照波动图像，这是不可理解的。波动图像暗示散射过程是由于原子中的电子从入射波中吸收和再发射能量，并且在此过程中频率是不会变化的。然而，按照光子图像，这个结果却很容易理解。在电子和光子之间发生了类似“台球”的碰撞，在此过程中，光子失去了一些能量给电子。根据普朗克的方法，能量的变化与频率的变化是相同的。因此，康普顿可以对他的观测给出定量的解释，进而为电磁辐射的粒子性特征提供了迄今为止最有说服力的证据。

本章中讨论的一系列发现所引起的困惑将很快被解决，不会持续太久。在康普顿的工作完成后不到两年，物理学家取得了显著的、持久的理论进展。新量子理论的曙光开始显现。

第二章

曙光显现

对于物理学界来说，马克斯·普朗克的先驱性工作之后的几年是一段困惑和黑暗的时期。光既是波，也是粒子。引人入胜的成功模型，如玻尔原子，给人以新的物理理论即将诞生的希望。但是，强加在经典物理破碎废墟上的这些量子补丁并不完美，这表明在一致协调的物理图景出现之前还需要更多的洞察力。当曙光最终降临的时候，一切就像热带的日出一样突然。

在1925到1926年间，现代量子理论已经变得非常成熟了。在理论物理学界人们的记忆里，这些奇迹之年仍然具有十分重要的意义，仍然能唤起人们的敬畏，尽管生活的记忆已不再造访那些英雄时代。当现代物理理论的基本面有所萌动的时候，人们可能会说："我感觉1925年又重来一次。"这样的话语中有着依依不舍的意味。就像华兹华斯谈论法国大革命那样，"能活在那个黎明，已是幸福；若再加上年轻，更胜天堂！"其实，在上世纪最后的75年里，物理学界仍有很多重要的进展，但是尚未出现像量子理论诞生时那样物理原理的第二次彻底改变。

特别地，有两个人使量子革命得以开展，他们几乎同时产生了令人吃惊的新想法。

A. 皮卡特 E. 亨利厄特 P. 埃伦费斯特 Ed. 赫尔岑 Th. 德康德 E. 薛定谔 E. 费斯哈费尔特 W. 泡利 W. 海森堡 R.H. 福勒 L. 布里渊
P. 德拜 M. 克努森 W. L. 布拉格 H. A. 克莱默 P. A. M. 狄拉克 A. H. 康普顿 L. 德布罗意 M. 波恩 N. 玻尔
I. 朗缪尔 M. 普朗克 居里夫人 H.A.洛伦兹 A. 爱因斯坦 P. 郎之万 Ch.E. 居伊 C.T.R. 威尔逊 O.W. 里查逊
缺席: W.H. 布拉格勋爵、H. 德朗德尔、E.范奥贝尔

图2 量子理论之伟大与壮丽: 1927年索尔维会议

矩阵力学

其中一位是个年轻的德国理论学家，名叫维尔纳·海森堡。他一直在努力了解原子光谱的细节。光谱在现代物理学的发展中起着非常重要的作用。其中一个原因是，光谱线频率测量的实验技术能够做到精细入微，因此能够给出非常准确的实验结果，进而提出非常精确的问题，让理论学家去攻克。我们已经在氢原子光谱中看到了它的一个简单例子，即巴耳末公式和玻尔用他的原子模型给出的解释。自那以后，问题变得更加复杂了。总体来说，海森堡关注的是寻求一个对光谱性质更广泛和更有雄心的解决方案。当海森堡在北海黑尔戈兰岛上从一次严重的枯草热中恢复时，他完成了一个巨大的突破。计算看起来是相当复杂的，但是当数学的尘埃落定时，很明显可以看出，使用到的是被称为矩阵（按照特定方式乘在一起的数组）的数学对象的运算操作。因此，海森堡的发现被称为矩阵力学，其基本思想稍后将以更一般的形式呈现。目前，我们只需注意到矩阵和简单数字的区别在于，一般来说，矩阵不能相互交换。也就是说，如果A和B是两个矩阵，乘积AB和乘积BA通常是不相同的，乘法的顺序至关重要。这与数字不同，数字2乘3和3乘2得到的都是6。结果证明，矩阵的这种数学性质有着非常重要的物理意义，它和量子力学中什么物理量能够被同时测定密切相关。（更深入的数学推论请见数学附录**4**，它对量子理论的全面发展是必需的。）

在1925年，矩阵对于普通的理论物理学家来说是数学舶来品，就如同今天矩阵对于本书的非数学专业的普通读者来说一样。那个时代的物理学家比较熟悉的数学是关于波动的数学（包括偏微分方程）。这里用到的，就是麦克斯韦所提出的那类经典物理学中所用的标准技术。紧随海森堡的发现出现了一个看起来非常不同的量子理论版本，它以波动方程为基础，具有更加友好的数学表述。

波动力学

量子理论的第二种表述被称为波动力学是非常恰当的。它的成熟版本是奥地利物理学家埃尔温·薛定谔发现的。但是，在稍早一点的时间，波动力学已经在正确的方向上迈出了一步，由年轻的法国贵族路易斯·德布罗意王子完成（数学附录**5**）。德布罗意提出一个大胆的建议：如果波动的光也可以表现出粒子的性质，人们也许可以相应地预期粒子——比如电子——同样能表现出波动性。通过扩大普朗克公式的应用，德布罗意能够用定量的形式描述这个想法。普朗克已经使能量的粒子性质与频率的波动性质成比例。德布罗意建议，另一个粒子性质——动量（一个重要的物理量，定义明确且大体上对应于粒子持续运动的能力），应该类似地与另一个波动性质——波长相关，相关比例系数还是普朗克的普适常数。这种等价性提供了一种微型词典，可以把粒子翻译成波，或者将波翻译成粒子。1924年，德布罗意在他的博士论文中展示了这些想法。巴黎大学当局非常怀疑这类异端观念，但是幸运的是，他们暗地里咨询了爱因斯坦。爱因斯坦认可了这位年轻人的才华，德布罗意也被授予博士学位。在短短几年之内，美国戴维逊和杰默以及英国乔治·汤姆森的实验都能够证明，一束电子与晶体晶格相互作用时存在电子干涉图样，从而证实了电子确实能够表现出波动行为。路易斯·德布罗意在1929年被授予诺贝尔物理学奖。（乔治·汤姆森是约瑟夫·汤姆森的儿子。人们经常说，父亲赢得诺贝尔奖是因为证实电子是一个粒子，而儿子赢得诺贝尔奖是因为证实电子是一种波。）

德布罗意提出的想法建立在对自由运动粒子性质的讨论之上。为了实现一个完整的动力学理论，需要做更深入的推广，以便允许在理论中加入相互作用。这是薛定谔成功解决的问题。早在1926年，他就发表了现在以他名字命名的著名方程（数学附录**6**）。引导他发现方程的方法是通过与光学进行类比。

虽然19世纪的物理学家认为光是由波组成的，但是他们并没有总是用成熟的波动计算技术去获知发生的情况。如果与定义问题的尺寸相比，光的波长较小，就有可能引入一个极其简单的方法。这个方法就是几何光学。几何光学把光视为按直线传播，并按照简单的规则进行反射和折射的射线。今天中学物理中基本的棱镜和平面镜系统的计算就是按照相同的方式在进行，计算者根本不需要担心复杂的波动方程。应用在光上的射线光学是比较简单的，类似于在质点力学中画轨迹。如果质点力学仅仅是更基础的波动力学的一个近似，薛定谔认为波动力学可以通过逆向思考来发现，类似于从波动光学导出几何光学。按照这个方法，他发现了薛定谔方程。

在海森堡向物理学界介绍他的矩阵力学理论后仅几个月，薛定谔就发表了他的想法。那时，薛定谔38岁。这提供了一个杰出的反例，否定了理论物理学家做出真正的原创工作是在25岁之前的断言——这个断言有时是科学家以外的人做出的。薛定谔方程是量子理论的基本动力学方程。它是偏微分方程中相当简单的一类，也是那时物理学家非常熟悉的一种，对这种方程物理学家已经拥有数学求解技术的强大积累。薛定谔方程用起来要比海森堡新奇的矩阵方法容易得多。人们立刻就可以开始工作，将这些想法应用到多种多样的具体物理问题上。对于氢原子光谱，薛定谔自己能够从他的方程推导出巴耳末公式。这个计算显示了玻尔在他对旧量子理论极富创造力的修补当中，距离真相究竟有多近，又有多远。（角动量是重要的，但其重要性并不体现在玻尔提出的方式中。）

量子力学

很明显，海森堡和薛定谔已经取得了不俗的进展。然而乍一看，他们提出新思路的方式是如此不同，以至于看不清楚是他们做出了同样的发现、仅是表述不同，还是他们提出的原本就是两个竞争性的提议（见数学附录**10**的讨论）。重要的澄清工作随后很快出现，其中哥廷根大学的马克斯·玻恩和剑桥大学的保罗·狄拉克做出了非常重大的贡献。很快就确定有一个基于一般原理之上的理论，其数学描述可以表现为许多等价的形式。这些一般原理最终在狄拉克的《量子力学原理》一书中得到明确阐述。该书首次出版于1930年，是20世纪的一个智慧经典。其第一版的序言以看似简单的陈述开始："在本世纪，理论物理学方法的发展经历了一次巨变。"我们现在必须考虑这次巨变带来的物理世界本质的变革。

可以这么说，我学习的量子力学是绝对可靠的。也就是说，我聆听了狄拉克在剑桥讲授的著名的量子理论课程，该课程持续了30年。听众不仅包括像我这样的大四本科生，还经常有资深的拜访者。这些拜访者理所当然地认为，从一个量子理论的杰出人物口中再听一遍他的课程是种特别的荣幸，虽然他们可能已经非常熟悉课程的大致内容。讲座几乎完全是按照狄拉克那本书的结构进行的。令人印象深刻的是，狄拉克完全没有强调他本人对这些伟大发现所做出的贡献。我已说过，狄拉克属于一类科学圣人，其内心纯净，目标明确。讲座令人如痴如醉，其清晰度和论点的磅礴展开，就如同巴赫赋格曲的发展一样令人舒心且看似必然。讲座没有使用任何形式的修辞手法，但是在讲座开始时，狄拉克允许自己做一些适当的舞台动作。

他拿起一支粉笔，折成两半，一段放在讲台的这一边，一段放在讲台的那一边。然后狄拉克说，从经典的角度看，一个状态是这支粉笔在“这儿”，一个状态是这支粉笔在“那儿”，而且这是仅有的两种可能性。然而，将粉笔换成电子，在量子世界中电子不仅有“这儿”和“那儿”的态，还有一大堆其他的态。这些态是两种可能性的混合体——一点“这儿”态和一点“那儿”态的叠加。量子理论允许态的混合叠加，但是在经典物理中态是彼此排斥的。正是这种有悖常理的几率叠加区分了量子世界和日常经典物理世界（数学附录7）。用专业术语来说，这个新的可能性被称为**叠加原理**。

双缝和态叠加

利用双缝实验，人们可以很好地阐述叠加假设带来的根本性结果。活力四射的诺贝尔物理学奖获得者理查德·费曼（他轶事风格的作品激起了公众的遐想），曾经将这个现象描述为躺在“量子力学的心脏”上。他认为，必须将量子力学整体吞下，而不必担心它的味道或者是否可以消化。这可以通过囫囵吞下双缝实验来体验一下：

> 实际上，它包含了**唯一**的神秘。我们无法通过“解释”它如何工作来消除神秘。我们只能**告诉**你它是如何工作的。在**告**

诉你它如何工作时，我们就会告诉你所有量子力学的基本特点。

经过这样一个预告，读者一定想去了解这个有趣的现象。该实验包含一个量子对象源，我们可以说是一支电子枪，它可以发射一束稳定的粒子流。这些粒子撞击一面接收屏，该屏有两道狭缝A和B。在狭缝屏的另一边，有一面探测屏，用以记录到达的电子。它可以是一块很大的感光板，每个入射电子都可以在上面留下标记。电子枪的电子发送速率已经调节过，确保在任一时刻仅有一个电子穿过仪器。然后，我们看看会发生什么。

电子一个接一个到达探测屏，每一个电子都出现一个对应的标记，记录了它的撞击点。这清楚显示单个电子表现出粒子行为。然而，当大量的标记积累在探测屏上时，我们发现这些标记产生的集体图案，能显示出我们所熟悉的干涉效应条纹。在双缝中间点对面的探测屏上，有一个致密的暗斑，其对应于沉积电子数目最多的位置。在此中心带的两侧都有交替出现的明带和逐渐缩小的暗带，分别对应于没有电子到达和有电子到达的位置。这种衍射图案（物理学家对这些干涉效应的称谓）是电子表现出波动行为的明确标志。

该现象是电子波粒二象性的一个简洁的例子。电子一个接着一个到达是粒子行为，产生的集体干涉图样是波动行为。但是，接下来要讲的东西更为有趣。我们可以探究得更深入一点，问问下面这个问题来看看到底发生了什么：当一个不可分的单个电子穿过仪器时，它是通过哪一道狭缝到达探测屏的？我们假定它通过上面的狭缝A。如果确实是这样，下面的狭缝B就是根本无关的，它也可以暂时被关闭。但是，如果只有狭缝A打开，电

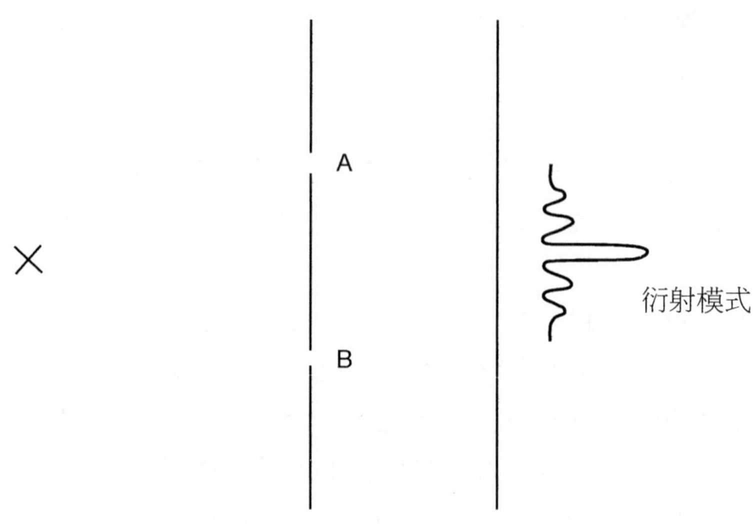

图3　双缝实验示意图

子并不是最有可能到达远端屏的中点，而是最可能到达与狭缝A对应的点。既然事实并非如此，我们得出结论：电子不可能是通过了狭缝A。通过类似讨论，我们也可以得出电子没有通过狭缝B的结论。那么，究竟发生了什么呢？伟大的夏洛克·福尔摩斯喜欢说的一句话是，当你已经摒弃了不可能，无论剩下的是什么，那一定是真相，不管它看起来是多么不可能。这条福尔摩斯原理可以引导我们得出结论：这个不可分的电子**同时通过了双缝**。就经典直觉而言，这是一个荒谬的结论。然而，就量子理论的叠加原理而言，这是完全合情合理的。电子的运动状态是（通过狭缝A的）状态和（通过狭缝B的）状态的相加。

叠加原理暗含了量子理论两个非常普遍的特征。其一是，对于物理过程中所发生的情况已经不再可能形成清晰的图像。生活在（经典）日常世界中的我们，无法设想一个不可分粒子同时穿过双缝。另一个结果是，当我们进行观测时，已经不可能精确地预言将会发生什么。假如，我们来改造双缝实验，在双缝的每一道缝附近都放一个探测器，从而可以确定电子究竟通过哪道缝。事实证明，这个实验改造会带来两个结果。一是，电子有时被靠近狭缝A的探测器探测到，也有时被靠近狭缝B的探测器探测到。在任何一个特定时刻，根本不可能预言电子究竟在哪里可以被找到，但是经过一系列的试验，两道狭缝的相对几率会是一半对一半。这说明了一个普遍特征，即在量子理论中，对测量结果的预测是统计性质的，而不是决定性质的。量子理论经营的是可能性，而不是确定性。这个实验改造的另一结果是，破坏了终端探测屏上的干涉图样。电子不再倾向于到达探测屏的中点，到达狭缝A对面和到达狭缝B对面的那些电子是平均分布的。换句话说，发现什么样的电子行为取决于想要寻找什么样的性质。问一个粒子性问题（哪一道狭缝？），就得到一个粒子性的答案；问一个波动性问题（仅仅是关于探测屏上的最终累积图样），就会得到一个波动性答案。

几率

首次清晰强调量子理论几率特征的是哥廷根的马克斯·玻恩。因为该成就，他将获得当之无愧的诺贝尔奖，不过一直要到1954年才授予。波动力学的到来已经提出了人们熟悉的问题：是什么的波？最初，人们倾向于猜测它可能是物质波的问题，因此就是电子本身以波动的方式在空间延展。玻恩很快认识到，这样的想法说不通，因为它不能容纳粒子性质。取而代之的应该是几率波，也就是薛定谔方程所描述的。这个进展并没有使所有先驱者都满意，因为许多人固守着经典物理的确定性本能。当量子力学展示出几率特征时，德布罗意和薛定谔两人都对量子物理大失所望。

几率解释暗示着，测量时刻必须是瞬间的、不连续改变的时刻。如果电子处于一个状态，它的几率分散到“这儿”“那儿”，又或者是“任何地方”，当测量它的位置并发现在此之际它在“这儿”时，电子的几率分布就会突然改变，变得仅仅集中在测量的确切位置“这儿”。既然几率分布是从波函数计算出来的，波函数也必须不连续地改变，这是薛定谔方程本身并没有揭示出的一个行为。这种突然改变的现象称为波包塌缩，是一个额外条件，必须从外部强加到理论上。在下一章，我们将看到，关于如何理解和解释量子理论，测量过程会继续引起很多困惑。对于某些人如薛定谔，这个问题激发的不仅仅是困惑。薛定谔对它满怀厌恶，他说，如果知道自己的想法将会引起这个“该死的量子跳跃”，宁愿当初没有发现他的方程！

观测量

（敬告读者：这一节包括一些简单的数学思想，非常值得下功夫去学习，但是需要用心才能消化。在本书正文中，这是仅有的一节冒险使用了一些数学知识。我很遗憾，对于非数学专业人士来说它难免有点难懂。）

经典物理描述的世界是清晰又确定的。量子物理描述的世界是模糊又不稳定的。就形式（即量子理论的数学表述）来说，我们已经看到这些性质源自量子叠加原理允许状态混合，而这与经典世界是严格不相容的。这个简单的违反直觉的可加性原理，利用叫作矢量空间的东西，找到了一个自然的数学表达形式（数学附录**7**）。

普通空间的一个矢量可以被想象为一个箭头，具有已知长

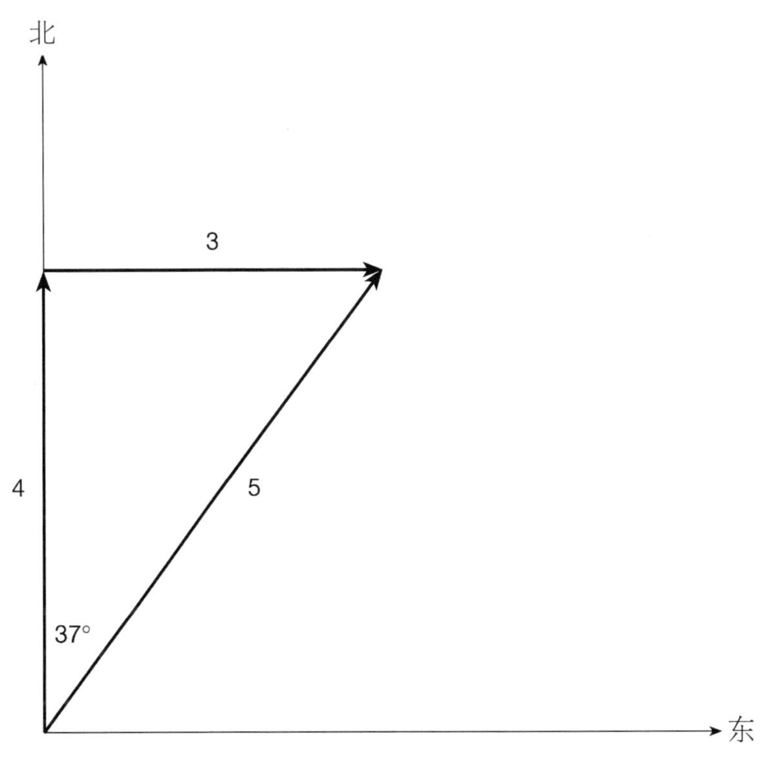

图4　矢量相加

度并指向已知方向。箭头能够被简单地一个接一个地加在一起。例如，正北方向的4英里与正东方向的3英里相加，可以得到北偏东37°方向的5英里（见图4）。数学家能够将这些思想推广到任意维度的空间。所有矢量拥有的基本性质就是它们可以加和。因此，它们给量子叠加原理提供了一个自然的数学对应。这里我们不需要关心细节，但是既然使用术语带来的便利总是好的，就值得谈到一种特别复杂的矢量空间形式——希尔伯特空间，它为量子理论提供了出色的数学工具。

到目前为止，我们集中讨论了运动的状态。有人可能会认为，它们产生于给实验准备初始材料的具体方法，如从电子枪中发射电子、使光通过特定的光学系统、用一套特定的电场和磁场使粒子偏转，等等。对于已经准备好的系统，可以将状态看作“情况是什么样的”，尽管量子理论的不可图像化意味着情况不会像经典物理中那样清晰和直接。如果物理学家想知道一些更精确的情形（如电子到底在哪？），就必须进行观测，给系统引入一个实验干预。例如，实验者可能希望测量一些特定的动力学量，比如电子的位置或者动量。这样就会出现如下的正式问题：如果态是用矢量来表示的，那么被测量的观测量该如何表示？答案就在作用于希尔伯特空间的算符上。因此，连接数学形式与物理的方案，不仅包括矢量与态对应的规范，还包括算符与观测量对应的规范（数学附录**8**）。

算符的一般思想是它可以将一个态变换到另一个态。一个简单的例子就是旋转算符。在普通的三维空间中，沿着垂直方向旋转90°（沿右手螺旋方向旋转）的旋转算符将一个指向正东方的矢量（将其想象为一个箭头）转成一个指向正北方的矢量（箭头）。算符的一个重要性质是它们通常都相互不对易；也就是说，它们作用的次序是有意义的。考虑两个算符：R_1——绕垂直轴旋转90°；R_2——绕指向北方的水平轴旋转90°（还是右手螺旋）。按照先R_1后R_2的次序，旋转指向东方的箭头。R_1使箭头转成指向正北方的箭头，然后在R_2的作用下保持不变。我们将按这种次序作用的两个算符表示为$R_2.R_1$，因为算符总是从右往左读，这有点像希伯来语和阿拉伯语。按照相反的次序应用这些算符，将首先使箭头从正东方转到正下方（算符R_2的结果），然后箭头也将保持不变（算符R_1的结果）。由于$R_2.R_1$作用的结果是指向正北方的箭头，而$R_1.R_2$作用的结果是指向正下方的箭头，所以这两者产生的结果是明显不同的。次序至关重要——旋转算符相互不对易。

数学家们后来认识到矩阵也可以看作算符，因此海森堡使用的非对易性矩阵是算符一般性质的另一个特例。

所有这些似乎相当抽象，但是非对易性被证明是一个重要物理性质的数学对应。为了看出这是如何发生的，必须先弄清观测量的算符形式如何关联到真实实验结果。算符是相当复杂的数学对象，但是测量结果总是被表达为简单的数字，比如2.7单位的任何可能的东西。抽象理论要使物理观测有意义，就必须有一个连接数（观测结果）和算符（数学形式）的方法。幸运的是，数学被证明胜任这个挑战。核心思想是**本征矢量**和**本征值**（数学附录**8**）。

有时候，一个算符作用在一个矢量上并不改变那个矢量的方向。例如，绕着垂直轴的旋转，完全不改变垂直方向的矢量。又如，沿垂直方向的拉伸操作，仅改变垂直矢量的长度，不改变它的方向。如果拉伸产生加倍效果，垂直矢量的长度将乘以2。用更一般的说法，我们说，如果算符O将一个特定的矢量v变成它自身的λ倍，那么v就是算符O的本征矢量，λ就是算符O的本征值。基本思想就是本征值（λ）提供了一个连接数与特定算符（O）和特定态（v）的数学方法。量子理论的一般原理包含一个大胆的要求，即本征矢量（也叫本征态）在物理上对应于某个态，而在该态上测量观测量O将**必然**产生结果λ。

这条规则能产生很多有意义的结果。其中一个就是它的逆命题：由于有大量的矢量不是本征矢量，因此将会有许多态，在其中测量O必然不会产生特定结果。（数学旁白：很容易看出，叠加两个属于O不同本征值的本征态，结果将不再是O的简单本

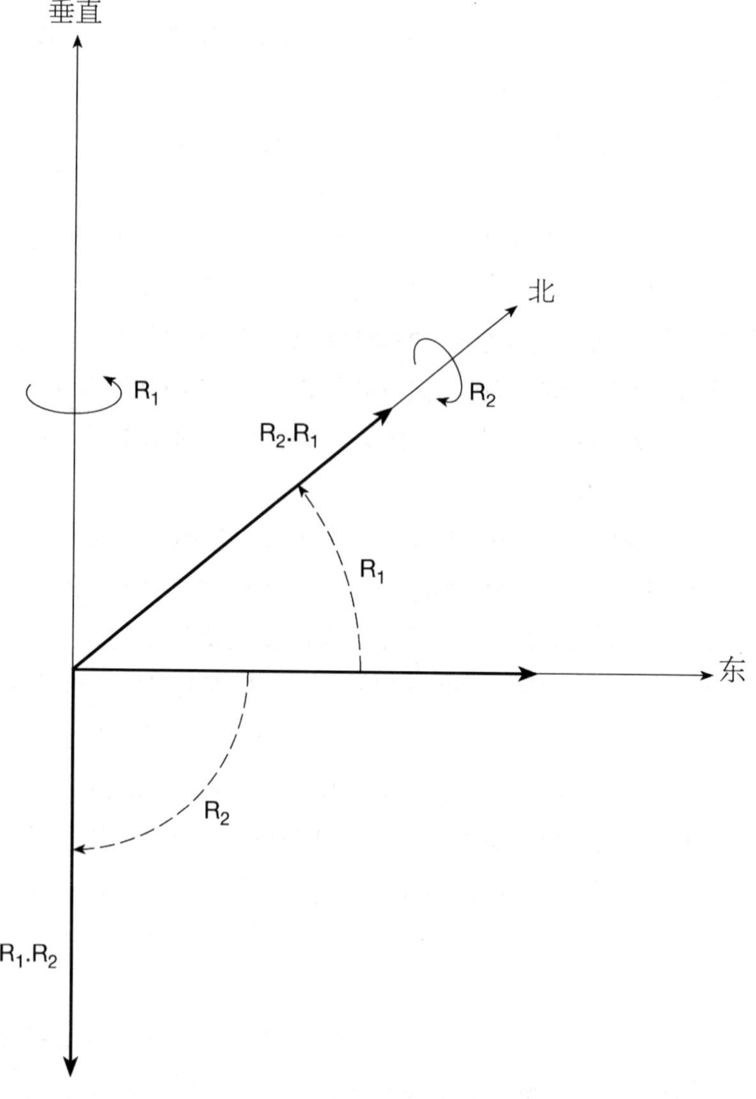

图5　非对易旋转

征态。）因此，在后面这类状态中测量O，在不同的测量情况下一定会给出多种不同的答案。（这再次证明了我们所熟悉的量子理论的几率特征。）实际上，不论得到什么结果，随后产生的状态必须对应于本征态，也就是说，矢量必须立即转变为合适的O的本征矢量。这是波包塌缩的比较深奥的说法。

另一个重要结果涉及什么测量能够相互兼容，也就是说，可以同时测量。假定同时测量O_1和O_2是可能的，而且它们的结果分别是λ_1和λ_2。先按如下次序测量，即先将态矢量乘以λ_1，然后再乘以λ_2。然而，我们也可以颠倒测量顺序，即简单地将λ_1和λ_2的顺序交换一下再与态矢量相乘。既然两个λ是普通的数，它们这种次序颠倒就没什么关系。这意味着$O_2.O_1$和$O_1.O_2$作用在态矢量上有相同的效果，因此它们的次序无关紧要。换句话说，只有算符相互对易的观测量，同时测量才能相互兼容。反过来说，不相互对易的观测量不能同时进行测量。

这里，我们可以看到熟悉的量子理论的模糊性再次展现。在经典物理中，实验者能够在任何需要的时刻测量任何想要测量的东西。物理世界就展现在科学家能够洞察一切的眼睛之前。相比之下，在量子世界，物理学家的视野是部分被掩盖着的。在认识论上，我们了解量子对象知识的入口，要比经典物理料想的受到更多限制。

我们与矢量空间的数学接触就在这里结束了。任何感觉迷惑的读者只需简单地记住这样一个事实：在量子理论中，只有算符相互对易的观测量才能同时测量。

不确定性原理

在1927年构造著名的不确定性原理的时候，海森堡非常清楚地说明了该原理的意义。他认识到，理论应该指定它允许人们通过测量来知道的东西。海森堡关心的不是我们刚才考虑的那类数学论点，而是利用理想化的"思想实验"去探索量子力学的物理内容。这些思想实验中的一个就是考虑所谓的γ射线显微镜。

这个想法是要找出，测量电子的位置和动量原则可以精确到何种程度。根据量子力学规则，相应的算符并不对易。因此，如果这个理论确实是正确的，将不可能知道任意精度的位置和动量值。海森堡想从物理层面理解为什么会这样。首先，让我们尝试测量电子的位置。原则上，完成该测量的一个方法就是照射光到电子上，然后通过显微镜去看它在哪里。（记住这是**思想**实验。）而光学仪器有一个极限分辨能力，这给精确定位目标施加了限制。任何人做定位的精度都不可能比得上所用光的波长。当然，可以通过使用更短波长的光来提高精度——这儿就引入γ射线了，它是非常高频（波长短）的辐射。然而，这个策略付出了一个代价，该代价源自辐射的粒子性质。为了使电子能够被看到，它必须偏转至少一个光子进入显微镜。普朗克公式表明，频率越高，光子携带的能量就越大。结果，减小波长将使电子在与光子碰撞时，其运动遭受越来越多无法控制的扰动。这就意味着，在位置测量之后，就越来越不知道电子的动量是多少。在增加位置测量精度和降低对动量了解的精度之间，不可避免地存在一个权衡。这就是不确定性原理的基础：不可能同时完美地了解位置和动量（数学附录**9**）。用更生动的语言来说就是，能知道电子在哪，就无法知道它在做什么；或者，能知道它在做什么，就不知道它在哪。在量子世界，经典物理学家认为是一知半解的东西就是我们能够做到的最好的东西。

一知半解是量子的特性。成对出现的观测量在认识论上是相互排斥的。日常生活中，就有这种行为的例子。比如在音乐方面，不可能既指定发出一个音符的精确时刻，又同时精确知道它的音调。这是因为确定音符的音调需要分析声音的频率，这就要求先听一段音符，只有让音符持续几个振荡之后才能做出精确估计。正是声音的波动性质施加了这种限制。如果从波动力学的视角讨论量子理论的测量问题，完全类似的思考会引导人们回到不确定性原理上。

在海森堡的发现背后有一个有趣的故事。那时，他在哥本哈根学院工作，领导是尼尔斯·玻尔。玻尔爱好长时间的讨论，年轻的海森堡就是一个他喜爱的交谈对象。实际上，过不了多长时间，玻尔无尽的沉思就使他的年轻同事心烦意乱了。因此，海森堡非常高兴，能抓住一个玻尔不在的机会，利用玻尔的滑雪假期来开展自己的工作，完成了他关于不确定性原理的论文。随后，在伟大的老人回来之前，海森堡就匆忙把论文拿去发表了。然而，玻尔回来后发现海森堡犯了一个错误。幸运的是，这个错误是可以改正的，而且这样做并不影响最终结果。这个小小的失误涉及对光学仪器分辨能力的错误理解。事有凑巧，海森堡以前对该问题就犯过错误。他在慕尼黑完成了他的博士研究工作，指导老师是旧量子理论的领军人物阿诺尔德·佐默费尔德。作为杰出的理论家，海森堡并没有在实验工作上花多少心思，但是这些实验工作也应该是他研究的一部分。佐默费尔德做实验的同事威廉·维恩已经注意到海森堡这个情况了。他对年轻人漫不经心的态度感到愤怒，并且决定在口试中让他吃点苦头。他要求海森堡导出光学仪器的分辨能力，准确地难倒了海森堡！在考试结束后，维恩宣布由于这个小疏忽，海森堡没有通过考试。当然（并且公正地），佐默费尔德在最高的层次上为他争取通过。最后，只能折中解决，这位未来诺贝尔奖获得者虽被授予博士学位，却是以最低水平获得的。

几率振幅

在量子理论中计算几率的方法是根据叫作几率振幅的东西进行的。在这里完整讨论它是不合适的，因为它对数学要求太高，但是读者应该知道其中所涉及的两个方面。首先，这些振幅是复数，也就是说它们不仅包括普通的数，还包括i，即-1的“虚”平方根。实际上，复数是量子理论体系特有的。这是因为它们提供了非常易于表示波的一个方面的方法，可以查阅第一章中讨论干涉现象的内容。我们看到，波的相位与两列波是相互同步还是相互异步（或者任何在这两者之间的可能性）有关。从数学上讲，复数为表述这些“相位关系”提供了一个自然而方便的方法。然而，理论上必须小心，要确保观测值（本征值）与任何包含i的项无关。这可以通过要求对应于观测量的算符满足一定条件来实现，数学家把该条件叫作“厄米”（数学附录**8**）。

我们至少需要了解的关于几率振幅的第二个方面是，作为我们正在讨论的理论的数学工具的一部分，人们发现它们的计算涉及态矢量和观测量算符的组合。因为正是这些“矩阵元”（对这种组合的称呼）带有最直接的物理意义，并且它们原来是由人们所说的态—观测量—态的“三明治”构成，所以物理的时间依赖既可以归因于态矢量的时间依赖，也可以归因于观测量的时间依赖。这个探讨后来提供了一个线索，它表明尽管海森堡和薛定谔理论表现明显不同，它们的确完全对应于同一个物理（数学附录**10**）。它们表面上的不同是因为，海森堡将所有时间依赖完全归因于算符上，而薛定谔则将所有时间依赖完全归因于态矢量上。

为了有意义，几率自身必须是正数。它们是根据几率振幅来计算得到的，所用的方法是一种平方运算（叫作“模平方”），对于复振幅来说，该运算结果总是正数。另外，还存在一个标度条件（叫作“归一化”），它确保当所有几率加在一起时，结果是1（确定无疑会发生！）。

互补性

随着这些精彩的发现慢慢显露在世人面前，哥本哈根一直是对正在发生的事情的评估和裁定中心。此时，尼尔斯·玻尔不再对技术发展亲自做出具体的贡献。然而，他仍对解释性问题深感兴趣。而且，由于他的正直和洞察力，正在撰写开拓性论文的少壮派都愿将他们的发现交给他评审。哥本哈根是哲人王的法院，量子力学新思想的智慧成果都交给它加以评审。

除了身为长者这个角色，玻尔还确实给新量子理论提出了富有洞察力的见解，体现形式就是他的互补性概念。量子理论提供了大量成对可选的思维模式。比如，过程存在两个可选的表象，它既可以建立在测量全部位置的基础上，也可以建立在测量全部动量的基础上；又如，以波动方式与以粒子方式来思考量子对象的二元性。玻尔强调，这些成对可选的思想方式应该被认为是严格等效的，并且在处理时没有任何矛盾，因为每一个都与另一个互补，而非互相矛盾。这又是因为，它们对应于不同且相互不兼容的实验安排，二者不能同时使用。或者设置一个波动实验（双缝），在此情况下询问的是一个波动性问题，会收到一个波动性答案（干涉图样）；或者设置一个粒子实验（探测电子通过哪道狭缝），在此情况下一个粒子性问题就会收到一个粒子性答案（双缝对面的两个受冲击区域）。

互补性显然是一个有益的想法，尽管它无法解决所有解释性问题，就如下一章显示的那样。随着玻尔渐渐变老，他对哲学问题的关心与日俱增。毫无疑问，他是一位伟大的物理学家，但是在我看来，他对这个后来的哲学副业明显缺少天分。他的思想广泛而模糊，随后有许多书在尝试分析它们，获得的结论就是玻尔持有各种互不相容的哲学立场。也许他对此并不吃惊，因为他喜欢说，在能够说清楚某物和存在深奥且值得说的某事之间存在互补性。当然，互补性与量子理论的关联（这里问题源自经验，并且我们拥有完整的理论框架使它清楚易懂），并没有使这个概念能轻易应用到其他学科。似乎量子理论互补性可以用来证明，任何迎合人们喜好的相互矛盾的两者都是正确的。当玻尔提出互补性可以揭示古老的与人性相关的决定论和自由意志问题时，人们可能认为他已经极其危险地接近上述状态了。我们将把进一步的哲学反思放在最后一章。

量子逻辑

人们很有理由期望，量子理论能显著地改变我们对位置和动量等物理术语的概念。更令人惊讶的是，它还影响了我们如何思考那些小的逻辑词语——“与”和“或”。

经典逻辑就如亚里士多德和一般的英国人构想的那样，是建立在逻辑分配律基础之上的。如果我告诉你，比尔是红头发，并且他不是在家就是在酒馆，那么你会预期，要么找到一个在家的红头发比尔，要么找到一个在酒馆的红头发比尔。这似乎是一个相当无关紧要的结论，它在形式上依赖于亚里士多德的排中律："在家"和"不在家"之间，没有任何中间项。20世纪30年代，人们开始认识到，在量子世界中事情变得不一样了。一个电子不仅可以"在这儿"和"不在这儿"，还可以在任意多数量的其他态上，这些态是"这儿"和"不在这儿"的叠加。这就形成了一个中间项，它是亚里士多德做梦也想不到的。结果，就存在一种特别的逻辑形式，叫作量子逻辑，它的细节部分由加勒特·伯克霍夫和约翰·冯·诺伊曼给出。有时它也叫作三值逻辑，因为除了"真"和"假"之外，它还支持或然的答案"可能"——该想法哲学家们早已漫不经心地独自思考过。

第三章
日益加深的困惑

当代量子理论被发现时，占据舞台中心的物理问题是关于原子行为和辐射行为的。这段最初发现的时期之后，跟随而来的是20世纪20年代末和30年代初这段持久狂热的探索期。在这段时间内，新思想被广泛应用到其他物理现象中。例如，稍后我们就会看到，量子理论对晶体固体中的电子行为，给出了具有重大意义的新理解。我曾经听保罗·狄拉克谈过这段快速发展时期，他说这段时期是“二流研究者在做一流工作”。几乎在其他任何人的口中，这些词都是不太礼貌的奚落。但是，对于狄拉克来说，并不是这样。在他的全部生活中，他都是单纯地就事论事，直接说他想说的，不加任何修饰。他的话仅仅是打算向人们传递一些东西，传递从那些最初的基本见解中流淌出来的丰富认识。

量子理论的成功应用一直在持续，势头不减。现在，我们能用量子理论同样有效地去讨论夸克和胶子行为。想到这些核物质的成分最多只有20世纪20年代先驱者们关心的原子的亿分之一大小，这真是一个令人惊叹的成就。物理学家知道如何去做计算，而且他们发现答案不断以惊人的精度涌现出来。例如，量子电动力学（电子和光子的相互作用理论）产生的结果与实验非常接近，达到的精度比一根头发丝的宽度相对于洛杉矶和纽约之间的距离这样的误差还要小!

就这些方面而言,量子理论是一个巨大的成功,可能是物理科学史上最伟大的成功故事。但是,仍然存在一个深刻的矛盾。物理学家有能力去做计算,但是他们仍然不理解理论。严峻的解释性问题仍然没有解决,因此也是持续争论的对象。这些引起争论的问题特别关系到两个困惑:该理论的几率特征的意义,以及测量过程的实质。

几率

经典物理中也有几率,它们的起因在于人们对正在进行之事的某些细节不得而知。一个范例就是扔硬币。没人会怀疑,牛顿力学决定着硬币在旋转过后如何落地——没有命运女神福尔图娜直接干预的问题;但是,硬币运动对其被扔方式的精确微小的细节(我们察觉不到)非常敏感,我们无法准确预测硬币落下的结果是什么。然而,我们确实知道,如果硬币是公正的,机会应该均等,即正面是1/2,背面也是1/2。类似地,对于一个真正的骰子,任何一个特定数字所在的面,朝上的几率都是1/6。如果有人问,扔出1或者2的几率是多少,可以简单地将独立的几率加起来,结果就是1/3。这个加法定律能够成立,是因为扔出1的过程和扔出2的过程是有区别的,并且是相互独立的。既然它们间没有相互影响,我们就可以将结果的几率加起来。这似乎相当直截了当。然而,在量子世界就不一样了。

首先考虑电子和双缝量子实验的经典等效实验是什么。一个普通的类比是往有两个洞的篱笆墙上扔网球。球有一定的几率穿过其中一个洞,还有一定的几率穿过另一个洞。如果我们关心的是球落在篱笆墙另一边的机会,由于球必须通过其中一个洞或者另一个洞，我们仅需将这两者的几率加在一起（就像我们计算骰子数字1或数字2两面朝上的几率一样）。对量子来说，情况就变得不同了，因为叠加原理允许电子同时通过两缝。经典物理中相互有别的几率在量子力学中则相互纠缠在一起。

结果，在量子理论中，几率相加定律就变了。如果有人必须对大量未观测到的中间几率求和，那必须是将**几率振幅**而不是几率本身加在一起。在双缝实验中，我们必须将通过狭缝A的几率振幅加到通过狭缝B的几率振幅上。回想一下，几率是几率振幅通过一种平方运算计算得来的。先相加后平方的结果，就是产生数学家所称的“交叉项”。可以通过考虑如下简单的数学方程来体验一下这个思想：

$$(2+3)^2=2^2+3^2+12$$

这个“额外”的12就是交叉项。

或许，这看起来有点神秘。基本的概念是这样的：在日常生活中，为了得到最终结果的几率，仅需将独立的中间几率加在一起。在量子世界中，加和这些非直接观测的中间几率，需要更加微妙复杂的方法。这就是量子计算涉及交叉项的原因。既然几率振幅实际上是复数，这些交叉项就包括了相位效应，因此既可以是相长干涉，也可以是相消干涉——这正是双缝实验中所发生的。

简言之，经典几率对应于不得而知，它们可以通过简单相加进行结合。而量子几率的结合，显然是以一种更加难以捉摸和难以描画的方式进行的。这就提出了问题：是否可以将量子几率理解为也来源于物理学家对正在发生之事的所有细节不得而知？进而，潜在的基本几率（对应于难以企及但是对事实真相完全详尽的了解），是否仍然可以像经典几率一样相加？

在此疑问的背后，部分物理学家存在一个深深的渴望：恢复物理的决定论，即使它是蒙着面纱的决定论。例如，考虑放射性原子核（不稳定且易于破碎）的衰变。量子理论可以预言的仅仅是衰变发生的几率。比如，可以说一个特定的原子核有1/2的几率将在下个小时内衰变，但不能预言该特定原子核在那个小时内是否确实会发生衰变。然而，也许那个原子核有一个内部小时钟，精确地指定它在何时衰变，但是我们无法读到。如果确实是这样，并且其他同类型的原子都有自己的内部小时钟——小时钟的不同设置会导致它们在不同的时间衰变，那么我们称为几率的东西就只是产生于我们对物理知识的不得而知，即我们无法了解那些隐藏的内部小时钟是如何设置的。衰变对于我们来说似乎是随机的，实际上它们完全是由这些未知的细节决定的。最终事实就是，量子几率与经典几率没有差别。这类理论被称为量子力学的**隐变量**解释。事实上它们是一种可能性吗？

著名的数学家约翰·冯·诺伊曼相信他已经表明，量子几率不同寻常的性质暗示它们绝不能被解释为对隐变量不得而知的后果。实际上，在他的论断中有一个错误，该错误几年后才被发现。后面我们会看到，量子理论的决定性解释是可能的，其中几率产生于对细节的不得而知。然而，我们还会看到，按照这个方式获得成功的理论还有其他性质，这些性质对大多数物理学家似乎都没有吸引力。

退相干

我们在本章中考虑的问题，有一个方面可以被描述为如下提问：物理世界的量子成分，比如行为模糊且不连续的夸克、胶子和电子，如何能够形成日常经验中清晰又可靠的宏观世界？通过过去25年的进展，人们对这个转变的认识向前迈出了重要的一步。物理学家们已经认识到，在许多情况下比之前更严肃地考虑量子过程实际发生的环境是非常重要的。

传统想法认为，除了那些量子对象，环境就是空的，量子对象之间的相互作用是明确考虑的主题。事实上，这种理想化的处理方式并不是总能实现，而且在它不能实现的地方，这个事实会带来重要结果。几乎无处不在的辐射就曾经被忽略。实验发生在光子海洋的严密包裹中，其中的一些来自太阳，一些来自普遍的宇宙背景辐射。宇宙背景辐射是宇宙诞生大约50万年后留下的萦绕回声。那时，宇宙刚刚变得足够冷，使物质和辐射能从它们先前的普遍混合中相互分离出来。

事实证明，考虑这个几乎无处不在的背景辐射，后果就是影响相关几率振幅的相位。在某些特定的情况下，考虑这个所谓的“相位随机化”会有以下效应：在量子几率的计算过程中，交叉项几乎全部被淘汰。（粗略地说，就是正量和负量大约一样多，取它们的平均值，结果接近于零。）这一切都能以相当惊人的速度发生。该现象称为“退相干”。

退相干受到一些人称赞，认为它提供了一个线索让人去理解微观量子现象和宏观经典现象之间如何相互联系。不幸的是，他们只对了一半。退相干能使一些量子几率看起来更像经典几率，但是不能使它们完全一样。核心困惑仍然存在，被称为“测量问题”。

测量问题

在经典物理中，测量是不成问题的，因为它只是对真实情况的观测。例如抛硬币问题，事先我们可能只能认定硬币正面朝上的几率是1/2，如果我们正好看到正面朝上，原因仅仅在于它就是已经发生的事实。

在传统量子理论中，测量是不同的，因为叠加原理将二选一的、结果相互排斥的几率结合在一起。直到最后一刻，它们中的一个突然单独浮出水面，成为此刻实现的事实。我们已经知道，思考这个问题的一个方法就是将其描述为波包塌缩。电子的几率本来分散在“这儿”“那儿”，以及“任何地方”，但是当物理学家对它提出实验性问题“你在哪儿？”时，就在这个特定的时刻，答案“在这儿”出现了，然后所有其他地方的几率都塌缩到这唯一的事实上。到目前为止，我们的讨论中还有一个大问题没有得到解答：波包塌缩究竟是如何发生的？

测量是一连串关联的结果。通过测量，微观量子世界的事物状态能够产生在日常世界中的实验室测量仪器上观测得到的对应信号。我们可以通过测量电子**自旋**的实验来说明这一点。这是一个略显理想化但不会引起误导的实验。自旋的性质在电子身上表现为它们好像是小磁体一样。由于一种无法形象化的量子效应——我们只能请读者相信它，电子的小磁体仅能指向两个相反的方向，通常我们称之为“向上”和“向下”。

实验通过一束最初未被极化的电子束来实施，也就是说，电子处在“向上”和“向下”机会均等的叠加状态上。让这些电子穿过一个非均匀磁场。因为自旋的磁效应，它们将会根据自旋取向发生向上或向下的偏转。然后，它们将通过两个恰当放置的探测器D_u和D_d（可以是盖革计数器）中的一个。接着，实验者就会听到这一个或那一个探测器的咔嗒声，它们分别记录了自旋取向向上和取向向下的电子。该实验叫作斯特恩—革拉赫实验，是以首次进行这类研究的两位德国物理学家命名的。（事实上，实验是用原子束进行的，不过控制着所发生情形的是原子中的电子。）我们应该如何分析所发生的情形呢？

如果自旋向上，电子将向上偏转，接着通过D_u探测器，D_u发声，实验者就可以听到D_u的咔嗒声。如果自旋向下，电子将向下偏转，接着通过D_d，D_d发声，实验者就能听到D_d的咔嗒声。在此分析中，我们能够看到所发生的情形。它呈现给我们的是一连串关联结果：如果……接着……接着……。但是在真实的测量场合，这些环节仅有一个会发生。是什么使这个特定事件发生在这个特定场合呢？是什么决定这次的答案是"向上"而不是"向下"呢？

退相干不能为我们回答这个问题。它所做的就是使分离的环节联系更紧密，使它们更像经典情形，但是它并没有解释，为什么某个特定环节会在某个特定情况下实现。测量问题的本质

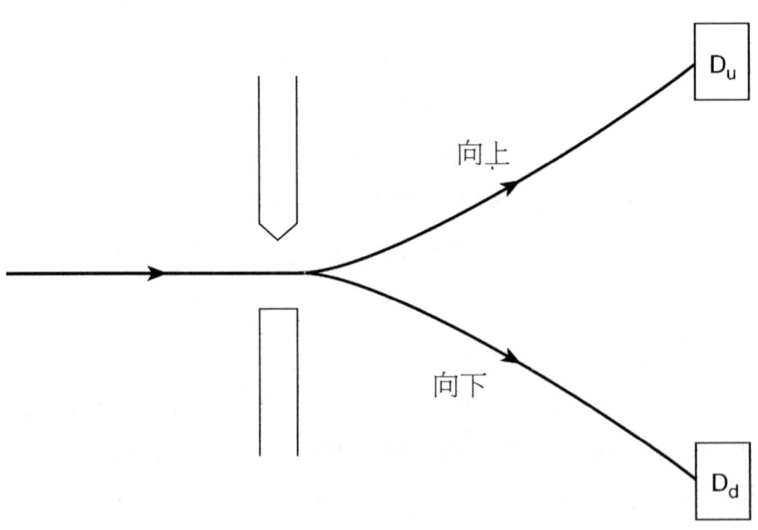

图6　斯特恩—革拉赫实验

是寻求对这种特异性之起源的理解。我们将纵观已经提出的各种回应，但是我们会看到，它们中没有一个完全令人满意或者不留困惑。这些提议可以按照以下标题进行分类。

（1）不相关

一些解释者试图巧妙地解决这个问题，他们的提议是不相关。赞成这个立场的一个观点是实证主义者的断言：科学就是关联现象，不应该渴望去理解它们。如果我们知道如何去做量子计算，并且所获答案与经验的关联高度令人满意（事实也确实如此），那就应该是我们想要的全部。在智力上，贪婪地要求更多是不合适的。实证主义的一个更完善的形式体现为所谓的“一致性历史”方法。该方法为获得量子预测结果制定了对策，这些结果很容易被解释为从使用经典测量仪器而来。

另一种也属于不相关类别的观点是说，量子物理根本不应该试图去谈论独立事件，而应该适当地去关注“整体”，也就是事件集合的统计性质。如果确实是这样，纯粹的几率解释就是人们可以合理期望的全部。

在此大类中的第三类观点声称，波函数与物理系统的状态根本无关，而是与人类对这些系统的认识有关。如果有人仅从认识论方面思考，那么“塌缩”就是毫无问题的现象：之前，我不知道；现在，我知道了。然而，被声称全部存在于思想中的事物，其表现实际上却应该满足一个物理方面的方程，如薛定谔方程，这一点似乎很奇怪。

所有这些观点都有一个共同特征。它们对物理学的任务都采取了极简化的看法。具体而言，它们假定物理学不关心如何理解具体物理过程的细节特征。这个观点，可能与某一类哲学倾向意气相投，但是与科学家的思想完全不相容。科学家的雄心壮志就是去获得对物理世界发生之事可达到的最大程度的理解。如果退而求其次，就是对科学的背叛。

（2）大系统

当然，量子力学的创建者们很清楚测量对这个理论提出的问题。特别是尼尔斯·玻尔非常关心这个问题。他提出的答案后来被称为**哥本哈根解释**。其核心思想是经典测量仪器发挥着独特作用。玻尔认为，正是这些大型测量设备的介入产生了确定性效应。

经典力学在描述日常生活中发生的物理过程方面取得了相当大的成功。因此，甚至在测量问题还没有出现之前，就需要有某种方法去看人们如何从量子理论中再现这些巨大成功。以失去对宏观世界的理解为代价来描述微观世界是毫无用处的。这个要求叫作**对应原理**，大致就是，“大”系统（大的标准由普朗克常数设定）的行为方式应该极其接近牛顿方程所描述的。后来，人们开始认识到，量子力学和经典力学间的关系，比这一简单的描述所表达的要微妙得多。后面我们会看到有一些宏观现象确实从本质上展现了特定的量子性质，甚至包括可能的技术开发，就像在量子计算中那样。然而，这些是在比较特殊的环境中才能出现的，对应原理的大致趋势也处在正确的方向上。

玻尔强调，测量同时涉及量子对象和经典测量仪器，并坚持认为应该将两者的相互介入考虑成一个单一的整体事件（他称为一个“现象”）。在连接一端到另一端关联结果的链条上，只要始终保持链条的两端不分离地连接在一起，一个特定结果的特定性究竟在什么地方出现，就成为可以避免的问题。

乍看之下，这个提议有一些吸引人的地方。走进一个物理实验室，你会发现实验室中到处都是玻尔所说的各种仪器。然而，这个提议仍然有些地方值得怀疑。它的解释是基于二元性的，似乎物理世界的成员由两类不同的存在组成：不确定的量子对象和确定的经典测量仪器。然而实际上，仅有一个唯一的一元物理世界。那些经典仪器的部件，自身就是由量子成分构成的（根本上说，就是夸克、胶子和电子）。关于确定的仪器如何从不确定的量子基础上出现这个问题，原先的哥本哈根解释无法成功解答。

尽管如此，玻尔和他的朋友可能还是在正确的方向向人们招手，虽然还不够有力。我认为，今天大多数从事量子研究的物理学家，会认同（或可称为）新哥本哈根解释。该观点认为，宏观仪器的巨大和复杂在某种程度上使其起着确定性作用。当然，这究竟是怎样发生的，我们还没有充分了解，但是我们至少可以将它与大系统的另一个性质（同样没有完全了解）关联起来。这就是它们的**不可逆性**。

除了一个对目前的讨论没有真正意义的例外，物理的基本定律都是可逆的。为弄清这究竟是什么意思，我们与海森堡反其道而行，假设能够制作一段表现两个电子相互作用的电影。电影向前播放或向后播放，意义是等同的。换句话说，在微观世界，时间没有内在方向来区分将来和过去。在宏观世界，事情显然是不一样的。各种系统运行会变慢，日常生活也无法逆转。在弹跳球影片中，若球弹得越来越高，影片就是在倒着播放。这些效应与热力学第二定律有关，该定律称：在一个孤立系统中，熵（无序的度量）永远不减少。发生这一现象是因为，趋向无序的途径比趋向有序的途径要多得多，于是混乱能轻而易举取得胜利。想一想你的桌子会是什么情况，如果不经常整理的话。

这样一来，测量就是不可逆地登记微观世界事物状态的宏观信号。因此，它包含了时间的内在方向：之前没有结果，后来有了结果。因此，如下假设是有一定道理的，即对复杂大系统的充分理解（完全解释了它们的不可逆性），或许也可为理解它们在量子测量中所起的本质作用提供有价值的线索。然而，就当前掌握的知识情况，这仍然是一个虔诚的愿望，而不是一项切实的成就。

（3）新物理学

有些人已经考虑到，相对于简单地进一步推进已经为科学界所熟悉的原理，解决测量问题将需要更为彻底的思考。吉拉尔迪、里默和韦伯沿着这些创新路线，给出了一个特别有趣的建议（已经被称为GRW理论[①]）。他们提出，随机的波函数塌缩是空间中一个普适的性质，只不过塌缩发生的速率依赖于系统包含的物质的量。对于量子对象自身，这个塌缩速率太小，并不会有任何明显的效应，但是对于宏观量的物质（例如，在一个经典测量仪器中），它就变得非常快，实际上就是一瞬间。

原则上，该建议能够通过精细实验来进行研究，这些实验的目的是探寻这种塌缩倾向的其他表现。然而，在缺乏此类经验证实的情况下，大多数物理学家认为GRW理论由于太**特别**而不具有说服力。

（4）意识

在对斯特恩—革拉赫实验的分析中，我们看到关联链条的

---

① G、R、W分别为三人姓的首字母。——编者

最后一个环节，是由人类观测者来听取计数器发出咔嗒声。我们对其结果有确切认识的每一个量子测量，都把人们对结果有意识的认识作为它的最后一步。意识是人类对物质和精神交界处的体验，这种体验尚未理解又不可否认（除了某些哲学家）。毒品或脑损伤的后果就清楚地表明物质可以作用在精神上。为什么我们不能期望一个与之相反的能力，即精神作用在物质上呢？这样的事似乎可以发生，比如当我们执行抬起胳膊的意志时。那么，可能正是有意识的观测者的介入决定了测量的结果。乍一看，该提议有些吸引力，并且有许多非常杰出的物理学家支持这个观点。尽管如此，它也面临一些非常严峻的困难。

在大多数时间和大多数地方，宇宙没有意识。我们是否应该假设，在遍及这些宇宙空间和时间的广袤地带，任何量子过程都不会导致确定的结果？假设某人要建立一个计算机实验，结果都打印在一张纸上自动保存起来，并且直到六个月后才有观测者进行查看。是不是只有在观测者查看后，纸上才能出现明确的打印结果？

这些结论并不是完全不可能，但是许多科学家认为它们完全没有合理之处。如果我们考虑薛定谔猫的悲惨故事，问题就会进一步加剧。那只不幸的动物被关在一个盒子里，盒子中还有一个放射性源，它在下一个小时内有一半对一半的机会衰变。如果衰变发生，发出的辐射将会触发毒气的释放，猫就会被立即杀死。将传统量子理论原理应用到这个盒子及盒中之物上，得出的暗示是，在一个小时后，且在一个有意识的观测者掀起盒盖前，猫将处于“活”和“死”机会均等的叠加态上。只有当盒子被打开后，才会有几率塌缩，结果是要么发现一具确定的冰冷的尸体，要么发现一只确定的活蹦乱跳的猫。但是，这只猫自己是不是确实知道它是死的还是活的，而不需要人类介入来帮助它得出结论？或许我们应该因此得出结论：猫的意识在确定量子结果方面和人类的意识一样有效。那么，我们在哪里止步？虫子也能塌缩波函数吗？确切来说，它们可能没有意识，但是人们倾向于假设，通过一种方式或是另一种，它们具有明确的非活即死的性质。这类困难已经阻碍了大多数物理学家去相信，假定意识有独特作用是解决测量问题的方法。

（5）多世界

一个更加大胆的建议是完全拒绝塌缩思想。它的拥护者断言，量子形式体系应该被更加严肃认真地对待，而不是从外部给它强加一个有特定目的的假设，即波函数存在不连续变化。相反，人们应该承认，每一件能发生的事情都**确实**发生了。

那么，为什么实验者会有相反的印象，即发现电子这时是在“这儿”，而不是在其他地方？给出的答案是，这是本宇宙中观测者的狭隘看法，而量子实在要比该宇宙中观测者所看到的图像大得多。不仅存在一个薛定谔猫活着的世界，还有一个与之平行但分离的薛定谔猫死了的世界。换句话说，在每一个测量行为中，物理实在都会分成多重独立宇宙，在每一个宇宙中，不同的（克隆的）实验者将观测到测量中可能出现的不同结果。物理实在是一个多宇宙，而不是简单的一个宇宙。

由于量子测量一直在发生，这个提议就是一个惊人的本体浪费。可怜的奥卡姆的威廉（他的逻辑“剃刀”正是为了剃掉不必要的多余假定）一旦想到对象如此快速增长，一定会死不瞑目。不妨用一种不同的方法来想象这个异乎寻常的巨大激增，将它的发生定位在观测者的思想或头脑内部，而不是外部的宇宙中。这一举动将多世界解释转变为多思想解释，但是这几乎没有减轻该建议的巨大浪费。

刚开始，仅有量子宇宙学家被吸引到这个思维方式上，他们试图将量子理论应用到宇宙自身。当我们仍然对微观和宏观如何联系在一起感到疑惑时，将这个理论延伸到宇宙方向上是一个大胆的举动，它的可行性不一定很明显。但是，如果如此延伸，多世界方法似乎是唯一可用的选择，因为当宇宙包含进来后，就没有空间留给科学去引入外部大系统效应或意识效应。近来，在其他物理学家当中，接受多世界方法的人似乎有一定程度的扩大倾向。但是，对于我们中的大多数人来说，它仍然只是一个形而上学的汽锤，可用来打破公认的坚硬的量子外壳。

（6）决定论

1954年，戴维·玻姆发表了一个量子理论，该报告完全是决定性的，但是它给出的实验预测与传统量子力学完全相同。在这个理论中，几率单纯地来自对特定细节的不得而知。这个卓越的发现促使约翰·贝尔重新审视了冯·诺伊曼的论点，因为冯·诺伊曼认为这是不可能的。此外，贝尔还展示了冯·诺伊曼错误结论所依据的有问题的设想。

玻姆实现这个了不起的成就是通过将波和粒子分离来完成的。按照哥本哈根思想，波和粒子是成对的，相互补充，不可分离。在玻姆理论中，存在经典粒子，和艾萨克·牛顿自己希望的经典粒子一样毫无疑问。当测量它们的位置和动量时，只不过是在观测明确的事实是什么。然而，除了粒子之外，还存在与之完全分离的波。波的表现形式在任何时刻都囊括了整个环境的信息。这个波并不能被直接识别，但是它会产生经验性结果，因为它会按照某种方式影响粒子的运动，并且能附加在常规的力效应之上。当然，力效应也能影响粒子的作用。正是这隐藏的波（有时也被叫作“导波”或者“量子势”之源）敏感地影响了粒子，并成功产生干涉效应图样和相关的几率特征。这些导波效应具有严格的确定性。尽管结果可以精确预测，但它们非常精细地依赖于粒子的真实位置，对位置的细节也相当敏感。正是这种对精细变化的敏感性，使量子物理过程产生了随机现象。因此，在玻姆理论中，粒子位置起着隐变量的作用。

为了更深入理解玻姆理论，研究一下它如何处理双缝实验很有启发意义。在玻姆理论中，电子有明确的粒子图像，所以其必须明确地穿过两道缝中的一道。我们在先前的讨论中说这是不可能的，那么，究竟哪里出了问题？隐波效应使我们能够避开先前的结论。不考虑隐波的独立存在和影响，下面的说法确实是正确的：如果电子穿过缝A，缝B就是不相关的并且不是打开就是关闭。但是玻姆的波囊括了整个环境的瞬时信息，因此在缝B打开和关闭的情况下，它的形式是不同的。这个差异对波引导粒子的方式产生了重要影响。如果缝B是关闭的，大多数粒子就会被引导到缝A对面的探测屏上；如果缝B是打开的，大多数粒子就被引导到探测屏的中点处。

有人可能认为，一个确定的、可描画的量子理论版本会对物理学家有极大的吸引力。事实上，很少有物理学家喜欢玻姆的思想。这个理论无疑构思巧妙，且有启发意义，但是很多人认为它聪明过头了。它带着矫揉造作的痕迹，因而没有太大吸引力。

例如，隐波必须满足波动方程。这个方程是从哪里来的？坦率地说，它是凭空而来的，或者更准确地说，来自薛定谔的大脑。为了获得正确结果，玻姆波动方程必须是薛定谔方程，但这并不是从理论的内在逻辑得来，相反，它只是一个专门设计的策略，用来制造可被经验接受的答案。

另外，玻姆理论还存在一定的技术问题，因而看起来不能完全令人满意。其中一个最具挑战性的问题与几率的性质有关。必须承认，为简单起见，到目前为止我还没有准确地描述这些问题。准确的事实是，如果与粒子排列有关的**初始**几率与传统量子理论规定的一致，那么对随后的所有运动，两个理论将保持一致。不过，必须一开始就一致。换句话说，玻姆理论要在经验上成功就必须要求宇宙恰巧开始于初始建立起来的正确（量子）几率，否则，就要求有某种收敛过程能快速将它拉到正确的方向上。后者的可能性并非无法想象（物理学家把它叫作“弛豫”到量子几率），但是人们既没有证实它，也没有可靠估计它的时间跨度。

为了解决测量问题，人们已经提出诸多建议，但它们充其量仅有部分说服力。当我们细思令人疑惑的建议时，测量问题会继续引起我们的焦虑。已经提出的建议包括忽视（不相关）、已知的物理学（退相干）、期望的物理学（大系统）、未知的新物理学（GRW）、隐变量新物理学（玻姆）以及形而上学的猜测（意识、多世界）。这是个纠缠不清的故事，鉴于测量在物理思维中的核心作用，让物理学家去讲述这个故事确实令人尴尬。坦率地说，我们还没有像我们希望的那样深刻理解量子理论。我们能够进行计算，并能够在此意义上解释物理现象，但是并没有真正**明白**发生了什么。对于玻尔，量子力学是不确定的；对于玻姆，量子力学是确定的。对于玻尔，海森堡的不确定性原理是在本体论上就不确定的原理；对于玻姆，海森堡的不确定性原理是在认识论上不得而知的原理。在最后一章，我们会回到其中一些形而上学和解释性问题上。当下，一个更值得思索的问题在等着我们。

存在优先状态吗？

在19世纪，威廉·卢云·哈密顿爵士等数学家对于牛顿动力学系统的性质提出了非常一般的理解。这些研究结果的一个特征，就是证实有许多等价的方法，使用这些方法均可建立理论论述。通常，为了方便物理思考，物理学家会优先明确物理过程的图像，就像发生在空间中一样，但这绝不是必须的。当狄拉克提出量子理论一般原理的时候，这种不同观点间的民主平等，就被新出现的量子动力学所保留。就基本理论来说，所有观测量和它们相应的本征态，都有同等的地位。物理学家将这个信念阐述为，不存在“优先基矢”（一组特殊的状态，对应于一组特殊的观测量，有独特的意义）。

由于和测量问题的缠斗，一些人的头脑中产生了如下问题：是否应该保留这个无优先性原则？在留待讨论的各种建议中，存在一个特征，即它们大多数似乎给特定态分配了特殊角色。特定态要么作为塌缩终态，要么作为提供塌缩透视错觉的状态：在以测量仪器为核心的（新）哥本哈根讨论中，空间位置似乎就起特殊作用，就像人们说到天平上的指针或感光板上的印记一样；类似地，在多世界解释中，这些相同的态就是划分平行宇宙的基础；在意识解释中，也许正是大脑状态对应于这些感知，它们是物质/精神分界的优先基矢；GRW理论假设塌缩到空间位置的状态上；玻姆理论赋予粒子位置一个特殊作用，其精准细节就是该理论的有效隐变量。我们也应该注意到，退相干是发生在空间的一个现象。如果这些在事实上表明前面的平等想法需要得到修正，那么量子力学会证明，它还会给物理学带来更深刻的革新性影响。

第四章
进一步发展

20世纪20年代中期，是基本量子理论被发现的忙乱时期，随后便是一个较长的探索和应用这个新理论内涵的发展时期。我们必须注意到这些进一步发展所带来的一些见解。

隧穿

海森堡理论中的不确定关系，不仅适用于位置和动量，还适用于时间和能量。尽管大致来说，能量在量子理论中是守恒量——与它在经典理论中一样，但它只是在达到相关不确定性这一点之前才是这样的。换句话说，在量子理论中，“借”一点额外的能量是可能的，前提是能够快速及时地把它还回去。这个比较形象的说法通过详细的计算可以更准确、更有说服力，使某些情形能够在量子力学框架下发生，虽然从能量上来说它们在经典物理中是完全被禁止的。最早被认识到的这类过程的一个例子，是关于通过一个势垒的隧穿几率的。

图7展示了典型的隧穿情形。方形“小山”代表一个区域，进入它就要支付能量费用（称作势能），这个费用等于小山的高度。一个运动粒子随身携带它的运动能量，物理学家称之为动能。在经典物理中，情况是清晰明了的。当一个粒子的动能大于势能时，它将能穿过小山，不过在横穿势垒时速度会适度降低（就像

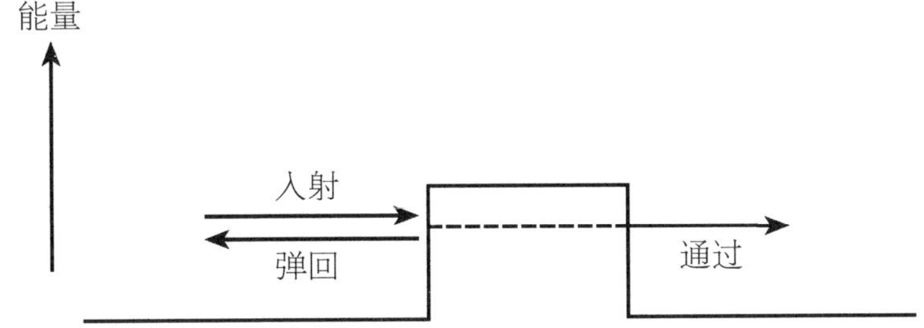

图7 隧穿

小汽车在爬山时会减慢速度一样)。但是在另一侧，因为动能全部恢复，粒子速度会再次加快。如果这个粒子的动能小于势垒，它就不能穿过“小山”，并且一定会直接反弹回来。

在量子力学中，情况就不同了，因为存在着借能量来对抗时间这一奇特的可能性。这就使得在经典物理中动能不足以越过小山的粒子，有时能够穿过势垒，只要它在到达另一边的时候，速度快到能在必要的时限内将能量还回去。这就好像是粒子隧穿过了小山。如果用精确的计算来代替这种形象化叙述方式，我们得出如下结论：动能比势垒高度略低的粒子，既有一定的几率穿过势垒，也有一定的几率被弹回。

有些放射性原子核，从其行为来看好像包含某种叫作α粒子的成分。这些α粒子被原子核力产生的势垒限制在原子核内。只要能穿过原子核力势垒，它们就会有足够的能量在另一边全部逃离。实际上，这类原子核确实呈现出α衰变现象；利用隧穿计算方法对此类α发射的性质给出定量解释，是早期在原子水平上应用量子思想的一个胜利。

统计学

在经典物理中，全同粒子(两个同类型粒子，比如两个电子)

仍然是可以相互区分的。如果一开始我们就将它们标记为1和2，那么在我们跟踪它们各自的粒子轨迹时，这些区分标记将具有永久的意义。如果在经历一系列复杂的相互作用后电子最终又出现了，原则上，我们仍然能够说出哪个是1、哪个是2。相反，在模糊的难以描述的量子世界，情形就不再是这样了。因为没有连续的可观测轨迹，在相互作用后，我们只能说**一个**电子出现在这儿，**一个**电子出现在那儿。任何一开始被选用的标记都不能保留下来。在量子理论中，全同粒子也是不可区分的粒子。

既然标记没有内在意义，它们出现在波函数（ψ）中的具体顺序就一定是无关紧要的。对于全同粒子，态（1, 2）必须在物理上与态（2, 1）相同。这并不意味着波函数在交换粒子顺序时是严格不变的，因为最终可以看出，从ψ或$-\psi$得到的物理结果是相同的。这个小小的观点会引出一个大结论，其结果关系到所谓的“统计”，即全同粒子的集体行为。量子力学中，存在两种可能性（分别对应于波函数ψ在交换粒子顺序后两种可能的行为符号）：

玻色统计，在交换粒子顺序时ψ保持不变的情况下有效。这就是说，波函数在交换两个粒子时是对称的。有这种性质的粒子，叫作玻色子。

费米统计，在交换顺序时ψ改变符号的情况下有效。这就是说，在交换两个粒子时，波函数是反对称的。有这种性质的粒子，叫作费米子。

这两个选项给出的行为，都不同于在经典情形下可区分粒子的统计。事实证明，量子统计不仅对物质性质的基本理解，而且对新型器件的技术结构都会引发非常重要的结果。（据说，美国GDP的30%产生于以量子为基础的工业：半导体、激光器等。)

电子是费米子。这就意味着两个电子永远不可能被发现处于完全相同的态上。该事实来自以下主张:交换一对电子不会引起系统变化(因为两个态是一样的),但又会引起波函数的符号变化(因为是费米统计)。摆脱这个困境的唯一办法是得出以下结论:两个粒子处于相同态的波函数实际为零。(陈述该观点的另一个方法是指出,两个全同对象的反对称结合无法实现。)该结果称作**不相容原理**,它为理解化学元素周期表中相关元素的循环性提供了基础。事实上,不相容原理是化学足够复杂并最终能够维持生命本身发展的基础。

不相容原理表现在化学上是这样的:在原子内部,电子仅能占据某些特定的能量状态;当然,不相容原理要求任何一个能量状态都不能由多个电子占据。原子稳定的最低能量状态,相当于填满能量最小的可用状态。这些状态可以是物理学家称作"简并"的状态,意思是几个不同的状态恰巧有相同的能量。一组简并态组成一个能级。我们可以在脑海中想象原子最低能量状态是这样形成的:将电子一个接一个地添加到连续的能级上,一直达到原子要求的电子数。一旦一个特定能级的所有状态都被填满,再加入的电子就必须填到下一个更高的原子能级上。如果这个能级也被填满,那么就继续填到下一个能级,以此类推。在一个含有许多电子的原子中,最低能级(它们也叫"壳层")将是全满的,任何剩余的电子都将部分占据下一个壳层。这些"剩余"的电子距离原子核最远,并且由于这个原因,它们将决定该原子与其他原子的化学相互作用。当原子复杂性提高时(沿着元素周期表横向看),随着壳层一层层被填满,剩余电子数(0, 1, 2, ……)就会循环变化。正是最外层电子数的重复模式，引起了元素周期表中元素化学性质的重复。

与电子相反，光子是玻色子。事实证明，玻色子行为恰恰与费米子行为相反。对于玻色子，没有不相容原理！玻色子喜欢待在相同的状态。它们与南欧人类似，乐意挤在同一节火车车厢中，而费米子则像北欧人，喜欢独自分散在整个列车上。玻色子的这个亲密现象，在最极端形式下，会引起在单个状态上一定程度的聚集，该现象叫作玻色凝聚。这个性质正是激光器等技术设备背后的原理。激光器发射激光的能力源自被称为"相干"的性质，也就是说，组成激光的许多光子都精确处在相同状态，这是玻色统计强烈支持的性质。还有一些与超导（在极低温下电阻消失的现象）相关的效应也依赖于玻色凝聚，其能引起量子性质的宏观可观测结果。（要求低温，是为了阻止热碰撞破坏相干性。）

电子和光子也是带有自旋的粒子。也就是说，它们带有内秉角动量（旋转效应的量度），几乎像是小陀螺一样。对于量子理论采用的自然单位（由普朗克常数定义），电子自旋是1/2，光子自旋是1。结果表明，这个事实证明了一个一般规则：自旋为整数（0, 1, ……）的粒子始终是玻色子；自旋为半奇数（1/2, 3/2, ……）的粒子始终是费米子。仅从普通量子力学观点来看，该**自旋统计定理**是原因不明的经验规则。然而，沃尔夫冈·泡利（他还提出了不相容原理）发现，当量子理论和狭义相对论结合时，自旋统计定理就是该结合的必然结果。将两个理论放在一起所产生的见解，要比其中任何一个独自所产生的见解更丰富。这就证明，整体大于部分之和。

能带结构

最容易想到的固体物质形式是晶体，组成晶体的原子以有规则的阵列图案有序排列。一个日常经验意义上的宏观晶体将包含如此多的原子，以至于从量子理论的微观角度来看可以认为它实际上是无限大。将量子力学原理应用到这类系统上，能揭示出新的物理性质，介于独立原子的性质和自由运动的粒子性质之间。我们已经看到，在原子中，可能的电子能量出自一系列离散的确切能级。另一方面，自由运动的电子可以具有任意大小的正能量，对应于它真实运动的动能。晶体中电子的能量取值，是这两个极端的一种妥协。可取的能量值处于一系列能带中。在带内，电子能量可以连续取值；在带间，则根本没有能级可供电子占据。归纳起来，晶体中电子的能量取值对应于一系列交替出现的允许和禁止的数值范围。

能带结构的存在，为理解晶体固体的电学性质提供了基础。诱发固体中电子的运动，就能产生电流。如果一个晶体的最高能带是完全填满的，电子状态的这种改变就会要求电子越过带隙激发到上面的带上。该跃迁对每个被激发的电子都要求输入大量的能量。由于这是很难实现的，能带完全填满的晶体将

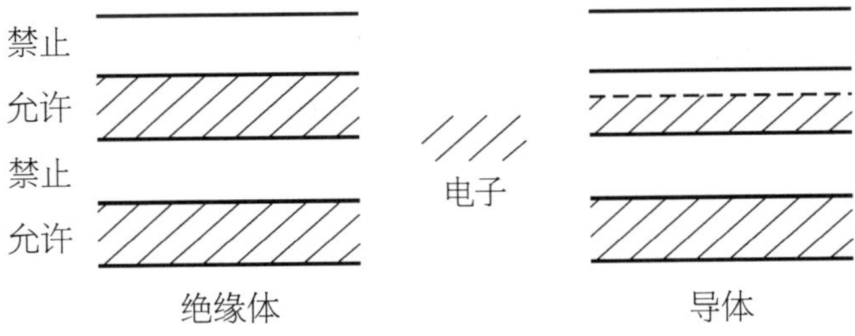

图8　能带结构

表现为绝缘体。诱发它的电子运动是非常困难的。然而，如果一个晶体的最高能带只是部分填充的，激发它的电子运动将会很简单，因为只需要输入一小部分能量就能把电子移动到一个能量稍高的可用态上。这样的晶体将表现为电导体。

延迟选择实验

约翰·阿奇博尔德·惠勒在被他称为“延迟选择实验”的讨论中，为叠加原理的奇怪含义提供了新的见解。图9给出了一种可能的结构。一束窄光束在A处分裂为两束子光束，它们分别被B和C处的镜子反射，进而在D处又汇合在一起。在D处，两条路径间的相位差（波已经不再同步）会形成干涉图样。可以考虑一束非常弱的初始光，弱到在任何时刻仅有一个光子穿过设备。那么，D处的干涉效应就可以理解为产生于两个叠加态（左边路径和右边路径）之间的自干涉。（请与第二章双缝实验的讨论进行比较。）如果改动装置，在C和D之间插入仪器X，惠勒讨论的新性质就出现了。X是一个开关，可以让光子通过，也可以使光子转移到探测器Y。如果开关被设置成通过，实验结果和以前一样，在D处有干涉图样。如果开关被设置成转移，并且探测器Y记录了一个光子，在D处就没有干涉图样，因为探测器Y接收到光子被偏移，说明光子一定是走了右边的路径。惠勒指出了一个奇怪的事实：可以在光子飞过A**之后**，设置开关X。在开关被设置好之前，光子在某种意义上都支持两种选择：左边路径和右边路径都走，和仅走它们中的一个。实际上，物理学家已经沿着这些路线进行了一些巧妙的实验。

图9 延迟选择实验

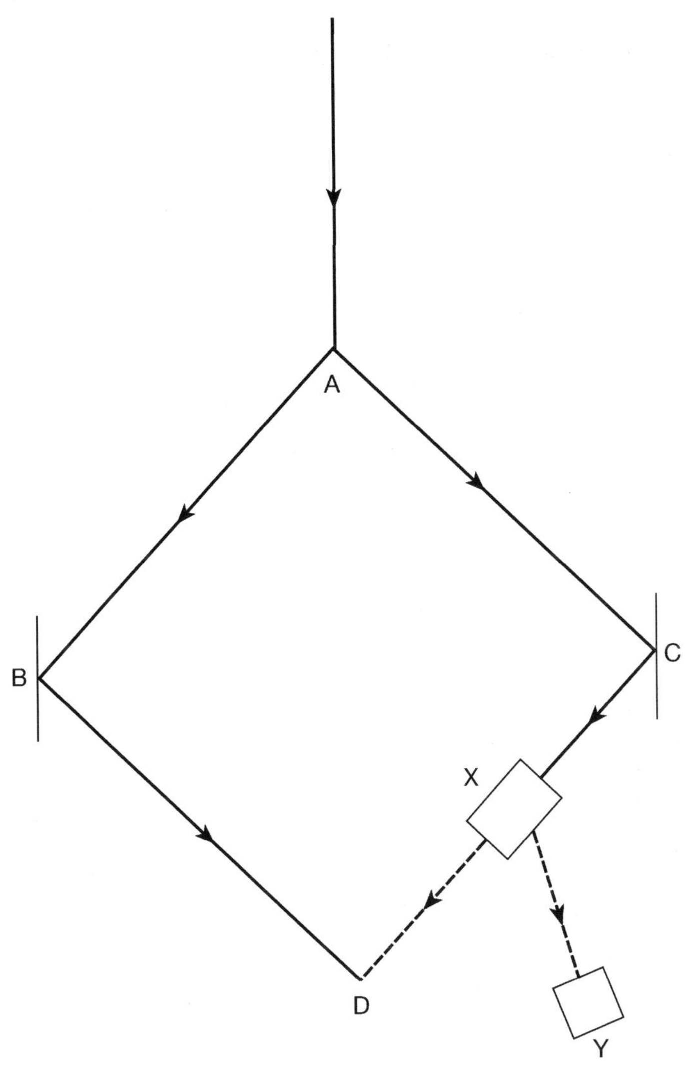

图9 延迟选择实验

历史求和

理查德·费曼发现了一个独特的方法来重建量子理论。这个理论重建产生的预测与传统方法相同，但是它提供了一个不同于以往的图形方法来思考这些结果是如何出现的。

经典物理呈现给我们清晰的轨迹，即连接出发点A和终点B的唯一运动路径。传统上，该路径可以通过求解著名的牛顿力学方程来得出。在18世纪，人们发现了一个不同但等价的方法来确定经过的实际路径。该方法将实际路径描述为连接A和B的轨迹，在各种可能的路径中，该轨迹使某特定动力学量取最小值。这个量被称为“作用量”，在这儿我们不关心它的精确定义。最小作用量原理（后来自然而然被这样称呼）与光线性质类似：它们取两点之间耗时最短的路径。（如果没有折射，路径就是直线，但是在折射介质中，最短时间原理将导致我们熟知的光线弯曲，就像棍子在一杯水中出现的弯曲一样。）

因为量子过程的模糊和难以描画，量子粒子并没有明确的轨迹。费曼建议，应该将量子粒子从A到B的运动，想象为**沿着所有可能的路径**，包括直的或弯的，快的或慢的。从这个观点出发，传统思想中的波函数就来自所有这些可能路径的贡献之和，这就引出了量子理论的“历史求和”描述。

如何构造这个巨大求和中的项？由于其细节技术性太强，此处不做探究。事实证明，一个给定路径的贡献与该路径的作用量有关，而作用量是以普朗克常数划分的。（作用量与普朗克常数h的物理单位相同，因此它们的比是一个纯数，与我们选择用来测量物理量的单位无关。）这些不同路径所呈现的实际形式是，由于相邻路径的贡献符号快速振荡（更准确地说，是相位快速振荡），它们的贡献趋于相互抵消。如果考虑的系统作用量相对于h非常大，那么只有最小作用量路径贡献较多（因为事实证明，在那条路径附近振荡是最小的，所以抵消效应也是最小的）。这个观点提供了一个简单的方法来理解为什么大系统表现出经典行为，遵循着最小作用量路径。

以精确而可计算的方式来阐述这些思想绝非易事。有人可能很快就想到，路径有多种可能，而其变化区间并不是一个简单集合，能够在其上求和。尽管如此，历史求和方法产生了两个重要结果。其一是，它让费曼发现了一个容易驾驭得多的计算技术，现在普遍称其为“费曼积分”，它是过去50年里提供给物理学家的最有用的量子计算方法。它产生一个物理图像，其中的相互作用源自能量和动量交换，这些能量和动量由所谓的“**虚粒子**”携带。使用形容词“虚”是因为，这些粒子不能在过程的初态和终态中出现，是中间“粒子”。它们不被强制拥有物理质量，但是需要对所有可能的质量值进行求和。

历史求和方法的另一个优点是，对于有些相当微妙和复杂的量子系统，与传统的方法相比，历史求和能提供更加清晰的方法来阐述问题。

再谈退相干

环境中辐射普遍存在，其效应能引起退相干，它们具有的意义超出了与测量问题的部分相关性。不久前的一个重要进展是，人们认识到它们也与我们应该怎样思考所谓混沌系统的量子力学有关。

自然界中存在的固有的不可预测性，并不仅仅来自量子过程。大约40年前，人们认识到即使在牛顿物理学中，也有许多系统对微小的扰动效应极其敏感，进而使它们未来的行为无法被精确预测。这个发现令大多数物理学家非常惊讶。这些混沌系统（对它们的称呼）对细节的敏感，很快达到海森堡不确定性水平或以下。但是，用量子力学观点来处理它们——一个叫作**量子混沌学**的课题——被证明是有问题的。

困惑的原因如下：混沌系统有一个行为，它的几何特征对应于著名的分形（最熟悉的例子是曼德尔布罗特集，该集是许多迷幻海报的主题）。分形是某种被称作自相似的东西，也就是说，不论在何种尺度上查看，它们看起来本质是相同的（锯齿由锯齿组成，……，一直这样下去）。因此，分形没有天生的特征尺度。然而另一方面，量子系统却有天生的特征尺度，由普朗克常数设定。因此，混沌理论和量子理论并不能顺利地相互适应。

由此产生的失配将导致所谓的“混沌的量子抑制”：当混沌系统开始在量子水平上依赖细节时，就改变了自己的行为。对物理学家来说，这就导致了另一个问题，该问题最严重的形态源自对土星的第十六颗卫星——土卫七的思考。这个马铃薯形状的岩石块，跟纽约差不多大小，以混沌的方式在翻滚。如果我们将量子抑制概念应用到土卫七上，预期结果将会惊人地有效，尽管它尺寸极大。事实上，基于这个计算，混沌运动最多仅能持续约37年。实际情况是，天文学家观测土卫七的时间比37年短得多，但是没人预期它那怪诞的翻滚行为会很快结束。乍一看，我们面临着一个严重问题。然而，考虑退相干会为我们解决这个问题。退相干存在一个倾向，即驱动事物朝着与经典情形更相似的方向发展，该倾向有一个效应，能反过来抑制混沌的量子抑制。我们还是能够满怀信心地预期，土卫七会继续翻滚很长一段时间。

退相干引起的另一个相当类似的效应是**量子芝诺效应**。衰变带来的放射性原子核，会被原子核与环境光子相互作用引发的“迷你观察”强制返回到初始状态。持续不断回到起点具有抑制衰变的作用，该现象已经在实验中被观测到。这个效应是根据古希腊哲学家芝诺命名的，他曾思考一支飞行的箭，认为在**现在**这个时刻观测这支箭，其处于一个特定的固定位置，所以他相信箭不可能真正运动。

这些现象清楚地说明了量子理论和它的经典界限之间的关系是微妙的，涉及不能简单地用“大”和“小”来划分的交错效应。

相对论量子理论

我们关于自旋和统计理论的讨论已经表明，量子理论和狭义相对论的结合会得出内容更加丰富的统一理论。在不断地构想如何结合这两个理论的过程中，第一个成功的方程是电子的相对论方程，由保罗·狄拉克在1928年发现（数学附录**12**）。它的数学细节技术性太强，无法展现在本类书中，但是我们必须注意到，这个进展给我们带来两个意想不到的重要结果。

仅通过思考量子理论和相对论不变性需求，狄拉克就创造了他的方程。因此，当他发现这个方程对电子电磁性质的预言与以往不同时，那一定是个巨大的惊喜。人们以往将电子看作微型的带电陀螺，狄拉克方程预言的是在此基础上得到的电子磁相互作用强度的两倍。人们已经从经验上知道事实就是这样，但是没人能理解这明显反常的行为为什么会这样。

第二个结果甚至更加重要，源自狄拉克聪明地将失败的威胁转变成欢欣鼓舞的胜利。从事实情况来看，狄拉克方程有一个显而易见的缺陷。它允许对应于真实电子行为所需要的正能态，但是它也允许负能态，后者几乎不产生任何物理意义。不过，它们不能被简单地丢弃，因为量子力学原理必然会允许从物理上可接受的正能态到负能态的跃迁所带来的灾难性后果。（这将是一个物理灾难，因为往负能态上的跃迁需要无限多的正能量来平衡，进而导致一种失控的永动机。）有相当长一段时间，这是一个非常令人尴尬的难题。但是随后狄拉克认识到，电子的费米统计可能会提供一个方法来走出困境。怀着巨大的勇气，他假设所有负能态都已经被占据。那么，不相容原理将阻止任何从正能态朝向它们的跃迁。人们以前认为是空的空间（真空）实际上被负能电子“海”填满了！

听起来，这确实是个奇怪的画面。其实，后来证明可以用一个新方法来表述这个理论。新方法保留了人们想要的结果，形式上没有这么生动形象，不过也少了些怪诞。同时，用负能海的概念来进行研究让狄拉克有了一个至关重要的发现。如果能提供足够的能量，比如借助一个能量很高的光子，将有可能从负能海中弹出一个负能电子，使之转变为普通的正能电子。那么，如何看待在这个过程中留在负能海中的“空穴”呢？负能缺失和正能出现是一样的（两个减号就生成一个加号），因此空穴将表现为一个正能粒子。但是，负电荷缺失和正电荷出现也是一样的，所以“空穴粒子”将是带正电的，这与负电荷电子相反。

在20世纪30年代，相对于随后到来的自由思考，基本粒子物理学家的思想还是相当保守的。他们根本不喜欢那种认为存在某些未知类型新粒子的想法。因此，人们起初认为，狄拉克谈论的这种正粒子，可能不过就是众所周知的带正电荷的质子。然而，人们很快就认识到，空穴质量必须和电子质量相同，而质子的质量要大很多。因此，唯一可接受的解释，就是有点不情愿地预测它是一个全新的粒子。很快该粒子就被命名为正电子，它与电子质量相同，但是带有正电荷。它的存在也很快就被实验所证实，因为在宇宙射线中发现了正电子。（其实，这些例子很早就被观察到了，只不过没有像现在这样被认识。实验者们很难看到他们并未真正寻找的东西。）

人们开始认识到，电子—正电子孪生对是自然界中普遍存在的行为的一个特殊实例。自然界中，存在物质（比如电子）和带相反电荷的**反物质**（比如正电子）。前缀“反”用得很恰当，因为一个电子和一个正电子能够相互湮灭，在能量爆炸中消失。（以传统方式来说，电子填上了海中的空穴，释放的能量随后被辐射出去。相反，如我们所看到的那样，高能光子能够从海中驱出一个电子，在后面留下一个空穴，从而制造一个力电子—正电子对。）

狄拉克方程硕果累累，既解释了磁性质，又发现了反物质，这两个主题绝非狄拉克构造该方程的初衷。狄拉克方程卓有成效的历史，是一个真正基础性的科学思想所能体现的长期价值的杰出代表。正是这异常丰富的成果，使物理学家相信他们确实“弄清了一些事情”。与某些科学哲学家和科学社会学家的意见相反，他们并不仅仅是在默契地同意以特别的方式来看待事物。他们还在探索物理世界事实上是什么样的。

量子场论

当狄拉克将量子力学原理应用在电磁场而非粒子上时，他做出了另一个基础性发现。该发现带来了第一个为人们所知的量子场论范例。事后来看，迈出这一步技术上并不太难。粒子和场的基本差异是，前者自由度（其状态能够独立改变的方式）数有限，而后者自由度数无限。已经有一些众所周知的数学技术可以用来处理这个差异。

量子场论被证明是非常有趣的，并且为我们思考波粒二象性提供了一个最富启发性的方法。场是在空间和时间中延伸的实体，因此有一个内在的波动特征。把量子理论应用到场上，将导致场的物理量（比如能量和动量）以离散的、可数的波包（量子）形式出现。但是，这种可数性正是我们用来与粒子行为联系的性质。因此，研究一个量子场，就是在调查和理解以尽可能清晰的方式显示出波动性和粒子性的对象。这有点像你正对哺乳动物会生蛋感到困惑，然后就拿一只鸭嘴兽给你看一样。真实的例子总是最有教益。事实证明，在量子场论中，表现出波动性质（从技术上，有明确相位）的态是那些包含**无限个**粒子的态。后面这个性质是一种自然的可能性，因为量子理论的叠加原理允许粒子数不同的状态间的结合。在经典理论中，这种选择是不可能的，因为那里只能依序看一看、数一数真实存在的粒子数。

量子场论中，真空也有不同寻常的性质，并且特别重要。当然，真空是最低能量状态，其中不存在对应于粒子的激发。尽管在这个意义上那里没有任何东西，但是在量子场论中，这并不意味着那里没有事情发生。原因如下：被称作傅立叶分析的标准数学技术，允许我们将场等效为无限个谐振子的集合。每一个谐振子都有与它相关的特定频率，其动力学上的表现就像一个按照给定频率振荡的钟摆。场的真空状态，就是指所有这些“钟摆”都处在它们最低的能量状态。对于一个经典钟摆，就是指摆锤静止在底部的状态。这个情况下，确实没有任何事情发生。然而，量子力学并不允许如此完美的平静。海森堡不允许"摆锤"同时有明确的位置（在底部）和明确的动量（静止）。相反，量子钟摆必须微弱地运动，即使在它的最低能量状态（靠近底部并近乎静止，但没有完全停下）。由此产生的量子颤动叫**零点运动**。把这些思想多次应用到形成量子场的无限个振子上，暗示量子场的真空是一个嗡嗡活动的蜂房。涨落持续发生，在这个过程中"粒子"瞬时出现，又瞬时消失。量子真空更像是充满物质的空间，而不是空的空间。

当物理学家开始将量子场论应用到涉及场间相互作用的情形时，他们遇到了困难。对于本来应该是有限的物理量，无限数量的自由度往往会产生无限多的答案。这种情况发生的一个重要方式是通过与不停息的真空涨落相互作用。最终人们发现了一个方法，可以从无意义中创造出意义。某类场论（称作**重整化理论**）仅产生有限类型的无限，单与粒子质量和它们相互作用的强度有关。仅剔除这些无限项，并用相关物理量有限的测量值代替它们——该过程就是定义有意义结果的程序，虽然它不是纯数学程序。事实也表明，它提供的有限结果与实验惊人地一致。多数物理学家对此实用主义的成功感到非常高兴。但是，狄拉克自己从来不这样。他强烈不赞成对正式的无限量采取的可疑花招。

今天，所有基本粒子理论（如物质的夸克理论）都是量子场论。粒子被认为是潜在场的能量激发。（合适的场论最终也提供了正确的方法去处理负能电子"海"的困难。）

量子计算

近来，人们对是否能够将叠加原理作为大幅增强计算能力的一个方法表现出极大的兴趣。

传统计算是基于二进制操作的组合，形式上的表述是0和1的逻辑组合，在硬件上则是通过开关的开或关实现。当然，在经典设备中，开关是相互排斥的两种可能。一个开关，要么是明确打开，要么是明确关闭。然而，在量子世界，开关可以处在这两个经典可能状态的叠加态上。一系列这种叠加将对应于一种全新的并行处理。保持如此多计算小球同时在空中的能力，在原则上代表计算能力的增强，额外元素的增加将使计算能力呈指数增长，而在传统情况下它是呈线性增长的。许多在当前机器上不可行的计算任务，如解码或大数因子分解，都将变得可行。

这些可能性令人兴奋。（支持者喜欢用多世界的措辞来谈论它们，似乎数据处理将在平行宇宙中发生，但看来实际上只是叠加原理本身为量子计算的可行性提供了基础。）然而，真正的实施将毫无疑问是件棘手的事，还有大量问题尚待解决。其中许多问题都围绕在如何稳定保存叠加态上。退相干现象表明，将量子计算机从有害的环境干扰中隔离出来是多么困难。对于量子计算，人们正在进行严肃的技术和市场考察，但是作为一个有效的过程，目前它还只是支持者眼中的一线微光。

第五章

相聚

爱因斯坦通过对光电效应的解释，成为量子理论的创始人之一。然而，他后来却开始憎恶这个理论。像绝大多数物理学家一样，爱因斯坦深信物理世界的真实性，并且确信用科学解释其性质是真实可靠的。但是，他后来开始相信，只有牛顿思想假设的那类朴素客观性才能保证这个真实性。结果，爱因斯坦开始嫌恶哥本哈根正统观念对量子世界的本质所赋予的模糊和不稳定性。

他对当代量子理论的第一个攻击，采用的形式是一系列非常巧妙的思想实验，每一个实验都声称能在某种方式上规避海森堡不确定性原理的限制。在这场争辩中，爱因斯坦的对手是尼尔斯·玻尔。玻尔每次都能成功将量子思想全面应用在这些实验的各个方面，实际结果就是不确定性原理毫发无损，继续健在。最终，在这场特殊战斗中，爱因斯坦承认失败。

休整了一段时间后，爱因斯坦重整旗鼓，又返回战斗，并为论战提出了一个新的依据。这次他还带了两个年轻的合作者，鲍里斯·波多尔斯基和内森·罗森。他们指出，在两个明确分开的粒子的量子力学行为中，存在一些非常奇怪的、到目前为止还未被察觉的、长程的内在含义。该问题很容易用后来提出的、以发现者名字命名的EPR思想进行解释。该争论是由戴维·玻姆引起的，尽管涉及很少，但非常值得考察一番。

假设两个粒子有自旋$\mathbf{s}_1$和$\mathbf{s}_2$，并且已知总的自旋为零。这当然意味着$\mathbf{s}_2$等于$-\mathbf{s}_1$。自旋是一个矢量（这就是说，它有大小和方向——可以想象成一个箭头），按照数学惯例，我们用黑体来表示矢量。因此，自旋矢量将有三个分量，可以沿三个被选的空间方向x、y和z进行测量。如果测量$\mathbf{s}_1$的x分量，并得到答案$\mathbf{s}'_{1x}$，那么$\mathbf{s}_2$的x分量一定为$-\mathbf{s}'_{1x}$。另一方面，如果测量$\mathbf{s}_1$的y分量，得到答案$\mathbf{s}'_{1y}$，那就知道$\mathbf{s}_2$的y分量一定是$-\mathbf{s}'_{1y}$。但是量子力学不允许同时测量自旋的x和y分量，因为它们之间有一个不确定关系。爱因斯坦声称，虽然根据正统量子思想事实可能如此，但不论粒子1发生什么，都不会对很远处的粒子2产生即时效应。按照EPR思想，1和2的空间分离意味着，**在1处发生的事与在2处发生的事是相互独立的**。如果确实是这样，并且如果能够选择测量1处自旋的x或y分量，而且能得到2处自旋分别对应的x或y分量的确定知识，那么，爱因斯坦声称，无论是否真正做了测量，粒子2实际上一定有这些明确的自旋分量值。这在传统量子理论中是被否认的，原因当然在于自旋x和y分量间的不确定关系不仅适用于粒子2，也同样适用于粒子1。

从这略显复杂的讨论中，爱因斯坦得出结论，传统量子力学一定存在一些不完备的地方。它不能解释爱因斯坦所深信的自旋分量的确定值。几乎所有其他物理学家，都以不同于他的方式来解释这些事情。按照他们的观点，不论$\mathbf{s}_1$还是$\mathbf{s}_2$，都是直到实际测量后，才会有明确的自旋分量。那么，确定1的x分量会迫使2的x分量取相反值。也就是说，在1处的测量也会迫使2处波函数塌缩，并塌缩到自旋x分量的相反值上。如果在1处测量的是y分量，2处波函数就会塌缩到相反的y自旋分量值上。这两个2处的态（已知x分量的态；已知y分量的态）绝对是互不相同的。因此，多数方观点可以引导出如下结论：**1处的测量会立即引起2处的改变，并且这个改变精确地依赖于1处的测量**。换句话说，就是在1和2之间，存在一种反直觉的分离中相聚（togetherness-in-separation）；1处的动作会对2处产生即时结果，并且1处不同的动作会引起2处不同的结果。这通常被称为**EPR效应**。该术语有点讽刺意味，因为爱因斯坦自己拒绝相信这个长程关联，并认为这个影响太过“诡异”而令物理学家难以接受。随后对这个问题的争议安静了一段时间。

约翰·贝尔做了下一步工作。他分析了如果1—2系统是一个真正分离的系统（像爱因斯坦假设的那样），它会有什么性质。真正分离是指1处的性质仅依赖于1处局域内发生的事情，2处的性质仅依赖于2处局域内发生的事情。贝尔证明，如果该严格的定域性是事实，在两处可测量的量之间就会存在某些特定关系（它们现在被叫作贝尔不等式），而量子力学预言在某些情况下会违反这些关系。这是一个重大的进步，它将争论从思想实验领域转移到了经验可感知的、在实验室就能进行研究的领域。实验做起来并不容易，但最终在20世纪80年代初，艾伦·阿斯派克特及其合作者们实施了一个精妙的实验研究。该研究证实了量子理论的预言，同时否认了爱因斯坦所拥护的纯粹定域论的可能性。事实已经很清楚，物理世界中存在最低程度的非定域性。已经相互作用的量子对象保持着相互纠缠，不管它们最终在空间上分开多远。看来，大自然对无情的还原论做出了反击。甚至，亚原子世界也不能纯粹按原子论来处理。

EPR效应揭示了存在于物理世界基本结构中的深层相关性。这个发现是物理思想和形而上学思考仍然必须接受下来的，以便完全阐释它的所有结果。作为这个持续消化过程的一部分，有必要尽可能弄清楚，EPR暗示的纠缠的特征究竟是什么。大家必须承认，远处有真实的作用介入，而不仅仅是额外知识的某种增长。用学术语言来描述：EPR效应是本体论的，而不仅仅是认识论的。增加对远处的了解是毫无问题的，也不令人惊讶。假设一个缸里有两个球，一个白，一个黑。你和我都将手放进去，拿走其中的一个并且握紧拳头。然后，你顺着大路走一英里远，再打开拳头，发现拿了一个白球。你立即就会知道，我一定拿着一个黑球。在这个事件中，唯一改变的是你的认识状态。我一直拿着黑球，你一直拿着白球，但是现在你已经意识到就是这样。相比之下，在EPR效应中，在1处发生的事实**改变**了2处的情况。这就好像是，如果你发现自己手里拿了一个红球，我的手里就一定拿了一个蓝球，但是如果你发现自己拿了一个绿球，我就一定拿了一个黄球。在你看之前，我们每人拿的球都没有确定的颜色。

机警的读者可能会质疑所有这些关于瞬间改变的说法：当时间未达到最大以光速传输影响所需时间之前，狭义相对论难道不是禁止1处的某物对2处有任何影响吗？这个说法不完全准确。相对论实际禁止的是信息的瞬间传输，如允许1处时钟和2处时钟立即同步的那类传输。事实证明，EPR类型的纠缠并不允许那类信息传输。原因在于，分离中相聚呈现的形式是1处和2处发生的事情之间的关联。如果不了解两端发生的事情，从这些关联中是读不出任何信息的。这就好比，一位1处的歌手在唱一连串随机的音符，一位2处的歌手也在唱一连串随机的音符，只有一起听到他们的音符，才能认识到这两位歌手是以相互协调的方式在唱歌。认识到事实如此，能够警醒我们反对“量子炒作”

一类的说法，该说法错误地断言EPR“证明”心灵感应是可能的。

相聚

第六章

教训与价值

量子力学呈现给我们的物理过程图像，完全不同于日常经验引导我们所预期的。它是如此奇特，以至于颇具说服力地提出了如下问题：是否亚原子本质上确实“就是这样”，还是量子力学不过是一个奇怪但能使我们得出结论的便利方法？我们可以得到与在实验室用经典测量设备取得的结果惊人一致的答案，但是也许我们其实不应该相信这个理论。本质上，上面提出的问题是一个哲学问题，它超出了仅用科学自身资源就可以解决的范畴。其实，这个量子疑问仅是现实主义者和实证主义者之间基本哲学争论的一个特殊例子，尽管也是一个具有异常挑战性的例子。

实证主义和现实主义

实证主义者把科学的作用看作对观测数据的协调。如果人们能够做出预测，并且该预测能精确、和谐地解释测量仪器的行为，那么任务就完成了。本体论的问题（那儿究竟有什么？）是不相关的奢望，最好丢弃。实证主义者的世界由计数器读数和感光板上的标记所占据。

这种观点有很长的历史。红衣主教贝拉尔米内就劝伽利略，说他应该将哥白尼系统仅看作一个“保全颜面”的简便方法，一个确定行星在天空中什么位置出现的好的计算方法。伽利略不应该认为地球确实在绕着太阳转——而应该认为哥白尼仅仅是把该假设作为一个方便的计算工具。这个保全颜面的提议没有吸引伽利略，类似的建议也没有被科学家们普遍接受。如果科学仅仅是在关联数据，并不告诉我们物理世界实际是什么样的，那么就很难看到花费在这个事业上面的所有时间、精力和人力是值得的。它的成就就会显得过于贫乏，不足以证明有必要做出如此大的投入。此外，对一个理论保全颜面能力的最自然的解释，肯定是它与实际状况有一定的对应关系。

尽管如此，尼尔斯·玻尔似乎经常以实证主义的方式谈到量子理论。他曾在给一个朋友的信中写道：

> 量子世界是不存在的。存在的仅是抽象的量子物理描述。认为物理学的任务是弄清大自然**是**怎样的，那是错误的想法。物理学所关心的是关于大自然我们能说什么。

玻尔对经典测量设备作用的执着，可以看成是鼓励了这类听上去是实证主义的观点。我们已经看到，玻尔在晚年变得非常关心哲学问题，写了大量关于哲学的文章。由此汇成的文集很难解释。玻尔在哲学问题上的天分，要远逊于他作为物理学家的杰出天资。此外，他相信并举例证明存在两种真相：一种是平凡的，可以被清楚表达；另一种是深奥的，仅能被模糊讲述。当然，他作品的主体已经被评论者做出各种各样的解释。有些人已经感觉到，玻尔所信奉的实际上是一种有保留的现实主义。

现实主义者认为，科学的作用在于揭示物理世界实际是什么样的。这是一个永远不能完全实现的任务。新的物理领域（例如，更高能量领域）总是在等待我们去探究，而且它们的行为完全可能有非常出人意料的特征。若对物理成就进行诚实评价，最多只能说它是逼近真实（对广泛但有限范围的现象的准确解释），而不是绝对真理（对物理实在的完整解释）。物理学家就是物理世界地图的绘制者，虽能在选定范围内找到合适理论，但无法描述正在发生的情况的所有方面。这类哲学观点把物理科学的成就看作对真正实在的不断加深的理解。现实主义者的世界是由电子和光子、夸克和胶子占据的。

实用主义在实证主义和现实主义之间提供了一个折中方案。这一哲学立场承认物理学能使我们做成事情这一技术事实，但又不像现实主义者走得那么远，认为我们知道世界实际是什么样的。实用主义者可能说，我们应该认真对待科学，但不应该认真到去相信它。然而，对科学所取得的技术成就的最明显解释无疑是，它是基于对事物实际行为方式的逼真理解。

我们可以列出大量能为科学现实主义辩护的例子。其中一个，如我们已经指出，科学现实主义为物理学可预见的成功及其长期丰富成果，以及利用物理世界图景创建的许多技术仪器的可靠运行，提供了自然而然的理解。现实主义也解释了为什么科学努力会被视为值得，能够吸引许多高智商人才为其毕生奉献：它是一项能够按照事物的真实情况创造真正知识的活动。现实主义对应着科学家的信念，他们坚信自己经历着发现的过程，而不仅仅是在学习更好的方法去得出结论，也不仅仅是在他们自己之间心照不宣地同意以这种方式看待事物。这个关于发现的信念极大程度上来自科学家频繁体验到大自然在他们的事先预期面前所展示的抗拒。物理学家可能带着特定想法去处理一些现象，结果却发现，这些想法被他们发现的物理世界的真实行为方式所否定。自然界强迫我们重新审视自己，这经常会促使我们最终发现正在发生之事的完全出人意料的性质。当然，量子理论的出现是一个杰出的修正主义范例，由物理实在强加到科学家的思想上。

如果量子理论确实在告诉我们亚原子世界的真正面貌，那么它的实在性就非常不同于我们用以接近日常事物世界的朴素客观性。正是这一点让爱因斯坦觉得很难接受。他强烈地相信物理世界的实在性，但是他拒绝传统量子理论，因为他错误地认为只有客观实体才可能是真实的。

量子实在性，就其性质而言，是模糊且不连续的。法国哲学家及物理学家贝尔纳·德埃斯帕尼亚曾把它的性质说成是“蒙着面纱的”。在量子理论的创建者当中，维尔纳·海森堡是最具有真正哲学思考精神的。他觉得借用亚里士多德的势（*potentia*）的概念非常有用。海森堡曾经写道：

> 在关于原子事件的实验中，我们所要处理的就是事实，是与日常生活中任何现象一样真实的现象。但是，原子或基本粒子不那么真实；它们构成了一个潜在性或可能性的世界，而不是事物或事实的世界。

电子并不是一直有明确位置或明确动量，但是如果测量将潜能变成了事实，它就有展示其中一个或另一个的潜能。海森堡认为，这个事实使电子不像桌子或椅子“那样真实”。关于这一点，我不认同。电子只是拥有一种不同类型的实在性，适合于它的本性。可以这么说，如果想了解事情是什么样的，我们就必须准备好按照它们本来的样子去了解，也就是说以它们自己的方式。

为什么几乎所有物理学家都想坚持电子的（正确理解的）实

在性？我相信，这是因为存在电子的假设，以及所有伴随电子的微妙量子性质，能使大量物理经验变得易于理解，否则它们对我们来说就是晦涩难懂的。它解释了金属的导电性质、原子的化学性质、我们建造电子显微镜的能力，以及许多其他的东西。它的**可理解性**（而不是客观性）正是实在性的线索——顺便提一下，这一信念与源自托马斯·阿奎那思想的形而上学传统是一致的。

作为电子性质的本质，蒙着面纱的实在性在我们思想中体现为与它们有关的波函数。当一位物理学家考虑电子"正在做什么"的时候，他头脑中所想的就是适当的波函数。显然，波函数并不像客观存在的台球一样，是一个可以接触的实体。在量子思维中，它的作用方式也不像实证主义思想所认为的只是一个计算装置那样令人容易接受。相当虚幻的波函数似乎是一个合适的运输工具，可用来装载量子实在那蒙着面纱的潜能。

合理性

如果研究量子物理能教会人们什么，那一定是世界充满了惊奇。没有人会事先料想到存在这样的实体对象：有时它们似乎表现为波，有时又似乎表现为粒子。人们固执地认为实际经验是必要的，这一点将以上认识强加到了物理界。就像玻尔曾经说过，世界不仅比我们想象的要奇怪，而且比我们能够想象的还要奇怪。我们之前已经指出，在应用到量子世界的时候，甚至连逻辑都需要修改。

对量子物理学家来说，他们的口号完全可以是"革新常识，永不过分"。这个激动人心的格言所表达的信息有广泛相关性，不只与量子领域相关。它提醒我们，我们的理性预见能力是相当短视的。对于已经提出的对实在性某个方面的解释，无论在科学领域之内还是之外，科学家要问的本能问题都不应该是“这是否合理？”，似乎我们事先就知道原因必定会采取何种形式。相反，合适的问题应该是“是什么让你觉得事实可能是这样？”。后者是一个更加开放的问题，它既不排除可能的惊人发现，又坚持应该有证据来支持所做的断言。

如果说量子理论鼓励我们持续改进对合理性的认识，那么它也鼓励我们承认，没有普适的认识论，也没有一个万全的方法，通过它我们可以期望获得全部知识。我们能以牛顿的清晰性了解日常世界，但是只有在准备好按照海森堡不确定性原理接受量子世界后，我们才能认识量子世界。坚持以朴素的客观性来解释电子只能导致失败。存在这样一种认识论循环：我们如何认识一个实体必须遵守那个实体的性质，而实体的性质则是通过我们对它的认识来揭示的。没有什么能逃离这个精巧的循环。量子理论就是一个例子，它鼓励我们相信该循环是有益的，而不是有害的。

形而上学标准

成功的物理理论，最终必须能够展示它符合实验事实的能力。最终保全颜面是一个必要的成就，尽管在达到那个终点的途中，可能会有一些临时性的困难（如狄拉克一开始面对电子负能态预言时，该预言在经验上明显是灾难性的）。当一个理论被证明能预言或理解新现象或未预料到的现象时（例如，狄拉克对电子磁性质的解释，以及他对正电子的预言），特别有说服力的是其持续结出的硕果。

然而，这些经验上的成功仅靠它们自身，并不总能成为理论被科学界接受的充分标准。拿量子理论来说，在不确定解释和确定解释之间的选择，就不能建立在这些基础上。玻姆像玻尔一样保全了颜面。他们之间的问题必须依靠其他原因来解决。最终，决定所依赖的是形而上学的判断，而不是单纯依赖于物理测量。

在评估理论的重要性时，科学界非常重视的形而上学标准包括：

（1）范围

理论必须说清楚适用现象的最大可能范围。在玻尔和玻姆的情形中，这个标准并不能解决他们之间的问题，因为两组结果在经验上是等价的（不过我们应该注意到，玻姆思想需要更好的证据去完善它的解释，以证实波函数计算能正确给出初始几率这个观点）。

（2）经济

理论越简单明了，看起来就越吸引人。玻姆理论在这一点上得分就要少很多，因为它给可观测粒子假设了隐波。这种对象的倍增，当然被许多物理学家看作该理论不吸引人的地方。

（3）高雅

没有过分的人为设计，就有了这个概念，可以给它加上**自然**这一属性。正是基于这些理由，大多数物理学家发现了玻姆思想面临的最大困难。尤其是，不得不专门将薛定谔方程挪用为玻姆波方程，使它有一种不受欢迎的投机取巧的感觉。

这些标准不仅存在于物理学自身以外，对它们的评价也是依个人判断而定的事情。满足这些标准，不能被简化成遵循一个定式化协议。对此判断的评估，我们也无法交给计算机来完成。

量子物理界大多数人赞成玻尔而反对玻姆，这个判断后来成为一个范例。科学哲学家迈克尔·波拉尼将其称为“个人知识”在科学中的作用。波拉尼在转向哲学之前本身就已是一位杰出的物理化学家，他强调，尽管科学研究的对象是客观的物理世界，但是做科研不可避免是人的活动。这是因为它涉及许多判断行为，需要练习一些隐性技能才能完成，而这些技能只有在追求真理的科学界经过长时间学习的人才能获得。这些判断，不仅关系到我们已经讨论过的那类形而上学标准的应用，在更日常的层面上，它们还包括其他一些技能，如实验者评估和排除虚假“背景”影响的能力，否则这些影响将会损害实验结果。没有一本小黑皮书告诉实验者该如何去做。这是从经验中学到的事情。用波拉尼经常重复的一句话来说，我们都是“所知道的比能言传的多”，不论这表现在骑自行车、鉴赏美酒这些隐性技能上，还是表现在成功设计和执行物理实验上。

整体论

在第五章我们已经看到，EPR效应显示，在量子世界中存在固有的非定域性。我们也已经看到，退相干现象会使一般环境作用在量子对象上的相当惊人的强大效应变得平淡无奇。量子物理学是关于极小对象的物理学，但它绝不赞成对实在做出纯粹原子论的、“零零碎碎”的解释。

物理学不决定形而上学（更广的世界观），但是物理学无疑会约束形而上学，就像房子的地基一样，它约束但不完全决定上面建造的大厦。哲学思想并不总会充分考虑到量子理论的这些整体性方面的含义。毫无疑问，它们鼓励人们承认，获得对自然界的解释是有必要的。这种解释在两方面获得成功：不仅认识到它的结构单元确实是基本粒子，还认识到它们结合所产生的实在，比单纯一个成分自身所揭示的更完整全面。

观测者的作用

一个经常被重复的陈词滥调是量子理论是“观测者创造的”。若仔细考虑，将会大大限制和减少那个说法。如何陈述关键取决于如何解释测量过程。这是中心问题，因为在多次测量之间，薛定谔方程规定量子系统以极其连续、确定的方式在演进。测量的一般定义是事物微观状态信号的不可逆的宏观记录。记住这一点也很重要。这个事件可能会涉及观测者，但是一般不需要。

只有意识解释给有意识的观测者的行为分派了一个独一无二的角色。所有其他解释都只关心物理过程的各方面，对人的出现并不感兴趣。即使在意识解释中，观测者的作用也被限制在对测量对象的有意识选择，然后再无意识地引出实际出现的结果上。实际情况仅能在已存在的量子潜能所限定的范围内进行转换。

新哥本哈根观点认为，实验者能选择使用什么设备、要测量什么物理量，但是在这之后测量结果则是在设备内由宏观物理过程决定。相反，如果是新GRW物理学起作用，实际结果将由随机过程产生。如果玻姆理论是正确的，观测者的作用就和经典物理中一样，即观看早已清清楚楚的事实。在多世界解释中，观测者成了物理实在作用的对象，并被克隆到所有其他平行宇宙中。在这些大量的平行宇宙组合中，所有可能的结果都会在某处或其他地方被实现。

这些对观测者作用的可能解释互不相同，没有共同因素能将它们联合起来。似乎恰当的是，最多我们只能谈论“观测者影响的实在”，避开谈论“观测者创造的实在”。不是已经在某种意义上已经潜在存在的东西，永远不可能变成现实。

关于这个问题，还必须质疑如下断言，即量子世界是非实在的“消逝的世界”。这个断言经常声称与东方思想中的**玛雅**概念类似。这个说法只对了一半。我们先前讨论过，量子是“蒙着面纱的”，此外潜在性在量子理解中起着众所周知的作用。然而，量子世界中也有一些继承经典物理的方面，同样需要被考虑进来。在量子理论中，能量和动量这些物理量是守恒的，就像它们在经典物理中一样。再回想一下，量子力学的一个最初胜利就是解释原子的稳定性。量子不相容原理支撑着元素周期表的稳定结构。绝不是所有量子世界都消逝到虚无缥缈中去了。

量子炒作

用一个对精神健康的警告来结束这一章看来比较合适。量子理论确实比较奇怪和令人惊讶，但是它并没有怪诞到根据它“任何事情都能发生”。当然，没有人真的会与这样粗泛的观点争论，但是有一种论调非常危险地接近于采取这种夸张的态度。你可以叫它“量子炒作”。我想提醒的是，当要把人们吸引到量子的内在含义上时，应当采取严肃谨慎的态度。

我们已经看到，EPR效应并不能为心灵感应提供解释，因为它的相互纠缠度并不能促进信息传输。大脑中的量子过程可能与人类意识思维的存在有某种联系，但是随机的亚原子不确定性实际上非常不同于人的自由意志活动。波粒二象性是个非常令人惊讶但又富有启发意义的现象，它看似自相矛盾的特征已经由量子场论的洞见替我们解决了。然而，它并未允许我们去随意接受任何我们喜欢的明显矛盾的成对概念。就像强效药物一样，当我们正确使用时，量子理论是美妙的，但是当我们滥用、误用时，它就会带来灾难。

术语表

大体而言，本术语表仅限于定义在本书中反复出现或对量子理论的基本理解有特别意义的术语。其他仅出现一次或不太重要的术语，仅在文中对应的地方给出定义，读者可以通过索引来找到它们。

angular momentum **角动量** 一个衡量旋转运动的动力学量

Balmer formula **巴耳末公式** 描述氢原子光谱中著名谱线频率的简单公式

Bell inequalities **贝尔不等式** 在特定理论中必须被满足的条件，该理论在特征上是严格定域的，没有非定域关联

bosons **玻色子** 一种粒子，其多粒子**波函数**是对称的

Bohmian theory **玻姆理论** 量子理论的一种确定性解释，由戴维·玻姆提出

chaos theory **混沌理论** 对环境细节极其敏感以致其未来行为在本质上无法预测的物理学体系

classical physics **经典物理** 由艾萨克·牛顿发现的一类确定的、可描画的物理理论

collapse of the wavepacket **波包塌缩** 由测量行为引起的**波函数**的不连续变化

complementarity **互补性** 尼尔斯·玻尔特别强调的事实，即存在明确的且相互排斥的方式来考虑量子系统

Copenhagen interpertation **哥本哈根解释** 一组量子理论解释，源自尼尔斯·玻尔，强调不确定性和经典测量仪器在测量中的作用

decoherence **退相干** 作用在量子系统上的环境效应，能快速诱导出近乎经典的行为

degrees of freedom **自由度** 多种不同的独立方式，一个动力学系统在运动过程中能够按照这些方式改变

epistemology **认识论** 关于我们所能知道事物的意义的哲学讨论

EPR effect **EPR效应** 两个相互作用的量子实体的反直觉结果，即不管这两个量子实体相互分开有多远，它们间都保持强大的相互影响

exclusion principle **不相容原理** 没有两个**费米子**（如两个电子）能够处在相同的状态

fermions **费米子** 一种粒子，其多粒子**波函数**是反对称的

hidden variables **隐变量** 不可观测的量，它在对量子理论的确定性解释中，帮助确定究竟发生了什么

inteference phenomena **干涉效应** 由波结合产生的效应，可以导致加强（波同步）或相消（波不同步）

many-worlds interpretation **多世界解释** 量子理论的一种解释，在此解释中，所有可能的测量结果都在不同的平行世界中真正实现了

measurement problem **测量问题** 量子理论解释中的一个有争议的问题，关于如何理解在每一个测量时刻都能得到一个明确

结果

non-commuting **非对易** 相乘的顺序很重要这一性质，它导致AB和BA结果不一样

observables **观测量** 能够被实验测量的物理量

ontology **本体论** 关于存在本质的哲学讨论

Planck's constant **普朗克常数** 基本的新物理常数，它确定量子理论的尺度

positivism **实证主义** 一种哲学态度，认为科学仅关心被直接观察到的现象间的关联

pragmatism **实用主义** 一种哲学态度，认为科学真正关心的是把事情完成的技术能力

quantum chaology **量子混沌** 未被完全理解的混沌系统的量子力学课题

quantum field theory **量子场论** 量子理论在场，比如电磁场或与电子有关的场中的应用

quarks and gluons **夸克和胶子** 当前核物质基本成分的候选对象

radiation **辐射** 电磁场携带的能量

realism **现实主义** 一种哲学态度，认为科学是在告诉我们物理世界实际是什么样的

Schrödinger equation **薛定谔方程** 量子理论的基本方程，决定**波函数**如何随时间变化

spin **自旋** 基本粒子拥有的内禀**角动量**

statistical physics **统计物理** 在复杂系统最可能的态的基础上，处理复杂系统整体行为的方法

statistics **统计学** 由全同粒子组成的系统的行为

superposition **叠加原理** 量子理论的基本原理，它允许将**经典物理**中不能混合的态加在一起

uncertainty principle **不确定性原理** 量子理论中的一个事实，即**观测量**能够按对分组（如位置和动量，时间和能量），以致组中的成员不能被同时精确测量。同时测量的精确性的极限尺度由**普朗克常数**确定

wavefunction **波函数** 量子理论中最有用的关于态的数学表述。它是**薛定谔方程**的解

wave/particle duality **波粒二象性** 一种量子性质，即物理对象能够有时表现为粒子，有时表现为波

数学附录

本附录将简略阐述一些简单的数学细节，对那些希望加以利用的读者来说，它们能够阐明许多正文中没有给出的数学要点。（在正文中，各条是通过条目号来进行交叉指引的。）此附录要求读者精通代数方程，并熟悉基本微积分符号。

1. 巴耳末公式

这里给出里德伯改写过的巴耳末公式。与原始公式相比，形式上稍有改变，但更有助益。如果vn是可见氢光谱中的第n条线的频率（n取整数值, 3, 4, ⋯），那么

$$vn = cR\left(\frac{1}{2^2} - \frac{1}{n^2}\right) \tag{1.1}$$

这里c是光速，R是里德伯常数。以两项差的方式来表述此公式，最终被证明是一个聪明的举动（见下面的条目3）。其他系列谱线后来也被确定，其中第一项是$1/1^2$、$1/3^2$等。

2. 光电效应

根据普朗克的观点，每秒振动v次的电磁辐射，会发射能量为hv的量子，这里h是普朗克常数，它的值非常小，为$6.63.10^{-34}$焦耳·秒。（如果将v用角频率$\omega=2\pi v$替换，公式就会变为$\hbar\omega$，这里

$\hbar=h/2\pi$，也经常被称为普朗克常数，发音为"h拔"或"h杠"。）

爱因斯坦假定这些量子是永久存在的。如果辐射照在金属上，金属中的一个电子可以吸收一个量子，从而获得它的能量。对于电子，如果其逃出金属所需的能量为W，那么当$h\nu>W$时，电子就会逃出金属，相反当$h\nu<W$时，电子就不可能逃出金属。因此，存在一个频率（$\nu_o=W/h$），当辐射频率低于该频率时，无论入射光的辐射有多强，都不会有电子被发射。当辐射频率高于该频率时，即使辐射相当弱，也会有一些电子被发射。

纯粹的辐射波理论将给出完全不同的行为。因为该理论预测，输送到电子的能量依赖于辐射的强度而不是它的频率。

实验观测到的光电发射性质，与粒子图像预言一致，而与波动图像预言不一致。

3. 玻尔原子

玻尔假设氢原子由一个带电荷$-e$和质量m的电子绕一个带电荷e的质子转动。后者的质量足够大（是电子质量的1836倍），从而它的运动产生的影响可以忽略。如果圆周半径是r，电子速度是v，那么使静电引力与离心加速度平衡，可以得出

$$\frac{e^2}{r^2} = m\frac{v^2}{r},\text{或}\ e^2 = mv^2r \tag{3.1}$$

电子的能量是它的动能和静电势能之和，即

$$E = \frac{1}{2}mv^2 - \frac{e^2}{r} \tag{3.2}$$

利用（3.1），其可以写成

$$E = \frac{-e^2}{2r} \quad (3.3)$$

玻尔随后增加了一个新的量子条件，要求电子的角动量必须为普朗克常数h的整数倍，即

$$mvr=n\hbar \ (n=1,2,\cdots) \quad (3.4)$$

这样，相应的可能能量是

$$En = \frac{-e^4 m}{2\hbar^2} \cdot \frac{1}{n^2} \quad (3.5)$$

当一个电子从态n移动到态2时，所释放的能量以一个单光子的形式发射出去，该光子的频率将会是

$$vn = c \cdot \frac{e^4 m}{4n\hbar^3 c} \cdot \left(\frac{1}{2^2} - \frac{1}{n^2}\right) \quad (3.6)$$

这就是巴耳末公式(1.1)。玻尔不仅解释了该公式，还使里德伯常数R可以用其他已知的物理常数来进行计算，即

$$R = \frac{e^4 m}{4\pi\hbar^3 c} \quad (3.7)$$

该数与实验上已知的值一致。玻尔的发现代表着新的量子思考方式的一个了不起的胜利。

[在正确的氢原子量子力学计算中，使用薛定谔方程(见条目6)时，离散能级以稍微不同的方式出现，与开弦谐振频率有

某些类似性，并且数n与角动量的联系不再直接。]

4. 非对易算符

一般来说，海森堡使用的矩阵相互间并不对易，但是最终量子理论要求做更进一步的概括，为此非对易的微分算符被添加到理论公式中。这个进展最终引导物理学家使用数学中的希尔伯特空间。

一般情况下，量子力学公式能够从经典物理学公式获得，需要做的仅是对位置x和动量p做如下替换：

$$x \to x,$$
$$p \to -i\hbar\frac{\partial}{\partial x} \tag{4.1}$$

因为（4.1）中微分算符$\partial/\partial x$的出现，变量x和p不再相互对易，这与它们在经典物理中的对易性质相反。经典物理中，位置和动量仅是数，因此它们是对易的。当$\partial/\partial x$在左侧的时候，它会对右侧的x，以及任何其他右侧的对象进行微分，因此我们可以得到

$$\frac{\partial}{\partial x}.x - x.\frac{\partial}{\partial x} = 1 \tag{4.2}$$

将对易括号定义为$[p,x] = p.x\text{-}x.\ p$，我们可以将上式重写为

$$[p,x] = -i\hbar \tag{4.3}$$

这个关系被称为**量子化条件**。细心的读者会注意到（4.3）方

程的另一个解可以写成

$$x \to i\hbar \frac{\partial}{\partial p},$$
$$p \to p \tag{4.4}$$

狄拉克特别强调，构造量子力学有多种等价方式。

5. **德布罗意波**

普朗克公式为

$$E=h\nu \tag{5.1}$$

它使能量与单位**时间**间隔内振动的次数成正比。相对论理论把空间和时间、动量和能量看作自然的四重组合。因此，年轻的德布罗意提出在量子理论中，动量应该与单位**空间**内的振动次数成正比。这就产生公式

$$p = \frac{h}{\lambda} \tag{5.2}$$

这里λ为波长。方程(5.1)和(5.2)一起给出了一个方法将粒子型性质(E和p)和波动型性质(ν和λ)联系起来。波长为λ的波形的空间依赖，由下式给出

$$e^{i2\pi x/\lambda} \tag{5.3}$$

结合(4.1)和(5.3)便可以推出(5.2)。

6. 薛定谔方程

一个粒子的能量是其动能$\left(\frac{1}{2}mv^2 = \frac{1}{2}p^2/m, p \text{ 即 } mv\right)$和势能[一般来说，可以写成$x$的函数$V(x)$]之和。类似于(4.1)，能量和时间之间的量子力学关系为

$$E \to i\hbar \frac{\partial}{\partial t} \tag{6.1}$$

方程(6.1)和(4.1)中正负号不同是因为，对应于空间依赖性(5.3)并向右传播的波的时间依赖性为

$$e^{-i2\pi \nu t} \tag{6.2}$$

因此(6.1)中必须加上正号，才能给出$E=h\nu$。

利用(4.1)和(6.1)，可以将$E = \frac{1}{2}mv^2 + V$改写成量子力学波函数ψ的微分方程

$$i\hbar \frac{\partial \psi}{\partial t} = \left[-\frac{\hbar^2}{2m}\frac{\partial^2}{\partial x^2} + V(x)\right]\psi \tag{6.3a}$$

一维空间中即为

$$i\hbar \frac{\partial \psi}{\partial t} = \left[-\frac{\hbar^2}{2m}\nabla^2 + V(\boldsymbol{x})\right]\psi \tag{6.3b}$$

在矢量$\boldsymbol{x}=(x,y,z)$的三维空间中，则为

$$\nabla^2 = \frac{\partial^2}{\partial x^2} + \frac{\partial^2}{\partial y^2} + \frac{\partial^2}{\partial z^2} \tag{6.4}$$

这些表述就是薛定谔方程。薛定谔第一次写出这些方程是建立在一个与此相当不同的讨论基础上的。方程(6.3)中方括号内的算符称为**哈密顿量**。

注意，方程(6.3)是ψ的**线性方程**，也就是说，如果ψ_1和ψ_2是方程(6.3)的两个解，那么

$$\lambda_1\psi_1+\lambda_2\psi_2 \qquad (6.5)$$

对于任何成对的数λ_1和λ_2来说也是方程(6.3)的解。

马克斯·玻恩强调，波函数可以解释为几率波。在点x处发现一个粒子的几率与相应(复)波函数的模平方成正比。

7. 线性空间

条目6最后提到的线性性质是量子理论的基本特征，也是叠加原理的基础。狄拉克在波函数的基础上将该思想一般化，并在抽象的矢量空间上构建了量子理论。

一组矢量$|a_i>$形成一个**矢量空间**，如果它们的任意组合

$$\lambda_1|a_1>+\lambda_2|a_2>+\cdots \qquad (7.1)$$

也属于该空间的话。这里λ_i是任意(复)数。狄拉克称这些矢量为“右矢”。它们是薛定谔波函数ψ的一般形式。还存在一个对偶空间“左矢”，它与右矢反线性相关：

$$\sum_i \lambda_i |a_i> \to \sum_i <a_i| \lambda_i^* \qquad (7.2)$$

这里λ_i^*是λ_i的复共轭。（显然，左矢$<a|$对应于复共轭波函数ψ^*。）左右矢（形成一个括号①——狄拉克非常喜欢这个小小的玩笑）之间可以形成标量积。这对应于波函数的积分$\int\psi_1^*\psi_2\mathrm{d}x$，可以记为$<a_1|a_2>$，它有性质

$$<a_1|a_2>=<a_2|a_1>^* \qquad (7.3)$$

从（7.3）可以知道，$<a|a>$是一个实数。事实上，在量子理论中，还会强加一个条件要求它是非负的（它必须对应于$|\psi|^2$）。

物理状态和右矢之间的关系被称为**射影表示**，意思是，对于任意非零复数λ来说，$|a>$和$\lambda|a>$代表相同的物理状态。

8. 本征矢量和本征值

矢量空间上的算符由它将右矢转变为其他右矢的效应来定义，即

$$O|a>=|a'> \qquad (8.1)$$

量子理论中，算符是可观测量在形式理论中的表示方式［请比较作用在波函数上的算符（4.1）］。有意义的表达式是以左矢一算符一右矢“三明治结构”出现的数（叫作“矩阵元”；它们与几率振幅有关）：

$$<\beta|O|a> \qquad (8.2)$$

---

① 左矢英文为bra，右矢为ket，括号为bracket。——编者

一个算符的厄米共轭$O^\dagger$由矩阵元间的关系来定义：

$$\langle\beta|O|a\rangle=\langle a|O^\dagger|\beta\rangle^* \tag{8.3}$$

厄米共轭使其自身的算符有特殊意义：

$$O^\dagger=O \tag{8.4}$$

这样的算符叫作**厄米算符**，也只有这样的算符才能代表物理上的可观测量。

由于实际观测的结果总是实数，为了使该体系有物理意义，就必须存在一种方式来联系数和算符。这通过使用**本征矢量**和**本征值**的思想来建立。如果算符O使一个右矢$|a\rangle$变为它自身的一个倍数，

$$O|a\rangle=\lambda|a\rangle \tag{8.5}$$

那么$|a\rangle$叫作算符O的本征矢量，对应的本征值为λ。可以证明，厄米算符的本征值总是实数。

对应于这些数学事实的物理解释是：观测量的实际本征值是测量该观测量获得的可能结果，相关的本征矢量对应于能确定（几率是1）获得该特定结果的物理态。只有算符相互对易的两个观测量才能被同时测量。

9. 不确定关系

关于伽玛射线显微镜的讨论已经表明，量子测量会迫使观

测者在精确的空间分辨率（短波长）和小的系统扰动（低频率）间进行取舍。用定量表达这个平衡将会引出海森堡不确定关系。从中可以发现，位置不确定度Δx和动量不确定度Δp之间的乘积$\Delta x.\ \Delta p$大小不能小于普朗克常数$\hbar$的量级。

10. 薛定谔和海森堡

如果H是哈密顿量（能量算符），薛定谔方程为

$$i\hbar\,\frac{\partial|a,t>}{\partial t} = H|a,t> \qquad (10.1)$$

如果H没有明确的时间依赖（通常就是该情况），方程（10.1）的解可以在形式上写成

$$|a,t>=e^{-iHt/\hbar}|a,O> \qquad (10.2)$$

该理论的物理结果都源自形式为$<a|O|\beta>$的矩阵元性质。写出其明确的时间依赖行为（10.2），得到

$$<|a,O|e^{-iHt/\hbar}.O.e^{-iHt/\hbar}|\beta,O> \qquad (10.3)$$

将上式中的项以不同的方式结合，得出

$$<a,O|.e^{-iHt/\hbar}.Oe^{-iHt/\hbar}.|\beta,O> \qquad (10.4)$$

这里的时间依赖性，可以说已经被推向一个时间依赖的算符

$$O(t)=e^{iHt/\hbar}\,Oe^{-iHt/\hbar} \qquad (10.5)$$

这样，方程（10.5）能够作为如下微分方程的解

$$i\hbar \frac{\partial O(t)}{\partial t} = OH - HO = [O,H] \tag{10.6}$$

将时间依赖与算符观测量，而不是与状态相联系，这种量子理论的思考方式就是海森堡最初处理这个问题采用的方法。因此，本条目的讨论证明了量子理论的两个伟大创建者的方法是等价的，尽管他们最初处理问题的方式看起来是如此不同。

11. 统计学

如果1和2是全同且不可区分的粒子，那么$|1,2>$和$|2,1>$必须对应于相同的物理状态。由于形式理论的射影表示特性（见条目7），这意味着

$$|2,1>=\lambda|1,2> \tag{11.1}$$

这里λ是数字。但是，交换1和2两次后，结果不会改变，所以它一定确实恢复到初始状态。因此，情况一定是

$$\lambda^2=1 \tag{11.2}$$

它有两种可能值：$\lambda=+1$（玻色统计），或$\lambda=-1$（费米统计）。

12. 狄拉克方程

在威斯敏斯特教堂内保罗·狄拉克的墓碑上，刻着以下方程：

$$i\gamma\partial\psi=m\psi \quad (12.1)$$

这就是他著名的电子相对论波动方程，以四维时空符号给出（使用量子理论中的自然单位，其使$\hbar=1$）。[γ是4乘4的矩阵，ψ是所谓的四分量旋量[2（自旋）乘2（电子/正电子）状态]。在本书这样的导读性作品中，我们只能介绍这么多，但是不管在论文中、在书页上或在大教堂的石墓上，看到的人都应该有机会对这个物理学中最漂亮、最深刻的方程之一表达敬意。

索　引

（条目后的数字为原文页码）

A

B

C

D

E

F

G

H

I

K

L

M

N

O

P

Q

R

S

T

U

V

W

Y

Z

John Polkinghorne

QUANTUM THEORY

A Very Short Introduction

To the memory of

Paul Adrien Maurice Dirac

1902–1984

I think I can safely say that no one understands quantum mechanics

Richard Feynman

Acknowledgements

I am grateful to the staff of Oxford University Press for their help in preparing the manuscript for press, and particularly to Shelley Cox for a number of helpful comments on the first draft.

Queens' College
Cambridge

John Polkinghorne

Contents

Preface

The discovery of modern quantum theory in the mid-1920s brought about the greatest revision in our thinking about the nature of the physical world since the days of Isaac Newton. What had been considered to be the arena of clear and determinate process was found to be, at its subatomic roots, cloudy and fitful in its behaviour. Compared with this revolutionary change, the great discoveries of special and general relativity seem not much more than interesting variations on classical themes. Indeed, Albert Einstein, who had been the progenitor of relativity theory, found modern quantum mechanics so little to his metaphysical taste that he remained implacably opposed to it right to the end of his life. It is no exaggeration to regard quantum theory as being one of the most outstanding intellectual achievements of the 20th century and its discovery as constituting a real revolution in our understanding of physical process.

That being so, the enjoyment of quantum ideas should not be the sole preserve of theoretical physicists. Although the full articulation of the theory requires the use of its natural language, mathematics, many of its basic concepts can be made accessible to the general reader who is prepared to take a little trouble in following through a tale of remarkable discovery. This little book is written with such a reader in mind. Its main text does not contain any mathematical equations at all. A short appendix outlines some simple mathematical insights that will give extra illumination to those able to stomach somewhat stronger meat. (Relevant sections of this appendix are cross-referenced in bold type in the main text.)

Quantum theory has proved to be fantastically fruitful during the more than 75 years of its exploitation following the originating discoveries. It is currently applied with confidence and success to the discussion of quarks and gluons (the contemporary candidates for the basic constituents of nuclear matter), despite the fact that these entities are at least 100 million times smaller than the atoms whose behaviour was the concern of the quantum pioneers. Yet a profound paradox remains. The epigraph of this book has about it some of the exuberant exaggeration of expression that characterized the discourse of that great second-generation quantum physicist, Richard Feynman, but it is certainly the case that, though we know how to do the sums, we do not *understand* the theory as fully as we should. We shall see in what follows that important interpretative issues remain unresolved. They will demand for their eventual settlement not only physical insight but also metaphysical decision.

As a young man I had the privilege of learning my quantum theory at the feet of Paul Dirac, as he gave his celebrated Cambridge lecture course. The material of Dirac's lectures corresponded closely to the treatment given in his seminal book, *The Principles of Quantum Mechanics*, one of the true classics of 20th-century scientific publishing. Not only was Dirac the greatest theoretical physicist known to me personally, his purity of spirit and modesty of demeanour (he never emphasized in the slightest degree his own immense contributions to the fundamentals of the subject) made him an inspiring figure and a kind of scientific saint. I humbly dedicate this book to his memory.

List of illustrations

Chapter 1
Classical cracks

The first flowering of modern physical science reached its culmination in 1687 with the publication of Isaac Newton's *Principia*. Thereafter mechanics was established as a mature discipline, capable of describing the motions of particles in ways that were clear and deterministic. So complete did this new science seem to be that, by the end of the 18th century, the greatest of Newton's successors, Pierre Simon Laplace, could make his celebrated assertion that a being, equipped with unlimited calculating powers and given complete knowledge of the dispositions of all particles at some instant of time, could use Newton's equations to predict the future, and to retrodict with equal certainty the past, of the whole universe. In fact, this rather chilling mechanistic claim always had a strong suspicion of hubris about it. For one thing, human beings do not experience themselves as being clockwork automata. And for another thing, imposing as Newton's achievements undoubtedly were, they did not embrace all aspects of the physical world that were then known. There remained unsettled issues that threatened belief in the total self-sufficiency of the Newtonian synthesis. For example, there was the question of the true nature and origin of the universal inverse-square law of gravity that Sir Isaac had discovered. This was a matter about which Newton himself had declined to frame a hypothesis. Then there was the unresolved question of the nature of light. Here Newton did permit himself a degree of speculative latitude. In the *Opticks* he inclined to the view that a beam of light was made up of a stream of tiny particles. This kind of corpuscular theory was consonant with Newton's tendency to view the physical world in atomistic terms.

The nature of light

It turned out that it was not until the 19th century that there was real progress in gaining understanding of the nature of light. Right at the century's beginning, in 1801, Thomas Young presented very convincing evidence for the fact that light had the character of a wave motion, a speculation that had been made more than a century earlier by Newton's Dutch contemporary Christiaan Huygens. The key observations made by Young centred on effects that we now call interference phenomena. A typical example is the existence of alternating bands of light and darkness, which, ironically enough, had been exhibited by Sir Isaac himself in a phenomenon called Newton's rings. Effects of this kind are characteristic of waves and they arise in the following way. The manner in which two trains of waves combine depends upon how their oscillations relate to each other. If they are in step (in phase, the physicists say), then crest coincides constructively with crest, giving maximum mutual reinforcement. Where this happens in the case of light, one gets bands of brightness. If, however, the two sets of waves are exactly out of step (out of phase), then crest coincides with trough in mutually destructive cancellation, and one gets a band of darkness. Thus the appearance of interference patterns of alternating light and dark is an unmistakable signature of the presence of waves. Young's observations appeared to have settled the matter. Light is wavelike.

As the 19th century proceeded, the nature of the wave motion associated with light seemed to become clear. Important discoveries by Hans Christian Oersted and by Michael Faraday showed that electricity and magnetism, phenomena that at first sight seemed

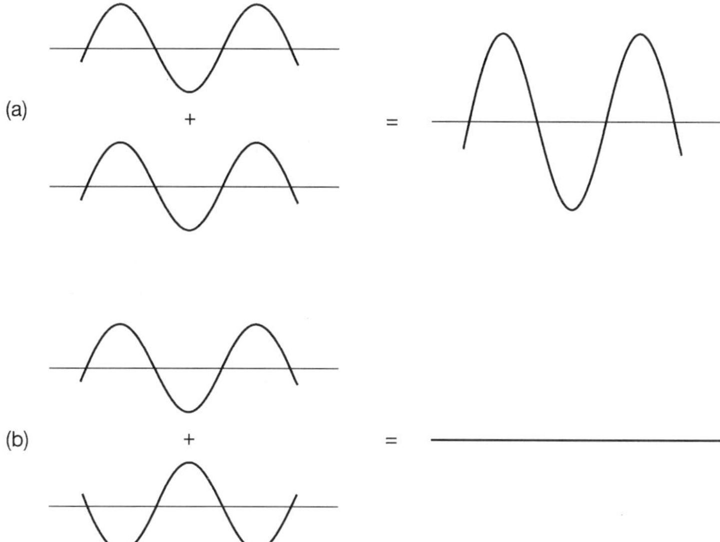

1. Adding waves: (a) in step; (b) out of step

very different in their characters, were, in fact, intimately linked with each other. The way in which they could be combined to give a consistent theory of electromagnetism was eventually determined by James Clerk Maxwell – a man of such genius that he can fittingly be spoken of in the same breath as Isaac Newton himself. Maxwell's celebrated equations, still the fundamental basis of electromagnetic theory, were set out in 1873 in his *Treatise on Electricity and Magnetism*, one of the all-time classics of scientific publishing. Maxwell realized that these equations possessed wavelike solutions and that the velocity of these waves was determined in terms of known physical constants. This turned out to be the known velocity of light!

This discovery has been regarded as the greatest triumph of 19th-century physics. The fact that light was electromagnetic waves seemed as firmly established as it could possibly be. Maxwell and his contemporaries regarded these waves as being oscillations in an all-pervading elastic medium, which came to be called ether. In an encyclopedia article, he was to say that the ether was the best confirmed entity in the whole of physical theory.

We call the physics of Newton and Maxwell classical physics. By the end of the 19th century it had become an imposing theoretical edifice. It was scarcely surprising that grand old men, like Lord Kelvin, came to think that all the big ideas of physics were now known and all that remained to do was tidy up the details with increased accuracy. In the last quarter of the century, a young man in Germany contemplating an academic career was warned against going into physics. It would be better to look elsewhere, for physics was at the end of the road, with so little really worthwhile left to do. The young man's name was Max Planck, and fortunately he ignored the advice he had been given.

As a matter of fact, some cracks had already begun to show in the splendid facade of classical physics. In the 1880s, the Americans Michelson and Morley had done some clever experiments intended to demonstrate the Earth's motion through the ether. The idea was that, if light was indeed waves in this medium, then its measured speed should depend upon how the observer was moving with respect to the ether. Think about waves on the sea. Their apparent velocity as observed from a ship depends upon whether the vessel is moving with the waves or against them, appearing less in the former case than in the latter. The experiment was designed to compare the speed of light in two mutually perpendicular directions. Only if the Earth were coincidently at rest with respect to the ether at the time at which the measurements were made would the two speeds be expected to be the same, and this possibility could be excluded by repeating the experiment a few months later, when the Earth would be moving in a different direction in its orbit. In fact, Michelson and Morley could detect no difference in velocity. Resolution of this problem would require Einstein's special theory of relativity, which dispensed with an ether altogether. That great discovery is not the concern of our present story, though one should note that relativity, highly significant and surprising as it was, did not abolish the qualities of clarity and determinism that classical physics possessed. That is why, in the Preface, I asserted that special relativity required much less by way of radical rethinking than quantum theory was to demand.

Spectra

The first hint of the quantum revolution, unrecognized as such at the time, actually came in 1885. It arose from the mathematical doodlings of a Swiss schoolmaster called Balmer. He was thinking about the spectrum of hydrogen, that is to say the set of separated coloured lines that are found when light from the incandescent gas is split up by being passed through a prism. The different colours correspond to different frequencies (rates of oscillation) of the light waves involved. By fiddling around with the numbers, Balmer discovered that these frequencies could be described by a rather simple mathematical formula [see Mathematical appendix, **1**]. At the time, this would have seemed little more than a curiosity.

Later, people tried to understand Balmer's result in terms of their contemporary picture of the atom. In 1897, J. J. Thomson had discovered that the negative charge in an atom was carried by tiny particles, which eventually were given the name 'electrons'. It was supposed that the balancing positive charge was simply spread throughout the atom. This idea was called 'the plum pudding model', with the electrons playing the role of the plums and the positive charge that of the pudding. The spectral frequencies should then correspond to the various ways in which the electrons might oscillate within the positively-charged 'pudding'. It turned out, however, to be extremely difficult to make this idea actually work in an empirically satisfactory way. We shall see that the true explanation of Balmer's odd discovery was eventually to be found using a very different set of ideas. In the meantime, the nature of atoms probably seemed too obscure a matter for these problems to give rise to widespread anxiety.

The ultraviolet catastrophe

Much more obviously challenging and perplexing was another difficulty, first brought to light by Lord Rayleigh in 1900, which came to be called 'the ultraviolet catastrophe'. It had arisen from applying the ideas of another great discovery of the 19th century, statistical physics. Here scientists were attempting to get to grips with the behaviour of very complicated systems, which had a great many different forms that their detailed motions could take. An example of such a system would be a gas made up of very many different molecules, each with its own state of motion. Another example would be radiative energy, which might be made up of contributions distributed between many different frequencies. It would be quite impossible to keep track of all the detail of what was happening in systems of this complexity, but nevertheless some important aspects of their overall behaviour could be worked out. This was the case because the bulk behaviour results from a coarse-grained averaging over contributions from many individual component states of motion. Among these possibilities, the most probable set dominates because it turns out to be overwhelmingly most probable. On this basis of maximizing likelihood, Clerk Maxwell and Ludwig Bolzmann were able to show that one can reliably calculate certain bulk properties of the overall behaviour of a complex system, such as the pressure in a gas of given volume and temperature.

Rayleigh applied these techniques of statistical physics to the problem of how energy is distributed among the different frequencies in the case of black body radiation. A black body is one that perfectly absorbs all the radiation falling on it and then re-emits all of that radiation. The issue of the spectrum of radiation in equilibrium with a black body might seem a rather exotic kind of question to raise but, in fact, there are excellent approximations to black bodies available, so this is a matter that can be investigated experimentally as well as theoretically, for example by studying radiation in the interior of a specially prepared oven. The question was simplified by the fact that it was known that the answer should depend only on the temperature of the body and not on any further details of its structure. Rayleigh pointed out that straightforward application of the well-tried ideas of statistical physics led to a disastrous result. Not only did the calculation not agree with the measured spectrum, but it did not make any sense at all. It predicted that an infinite amount of energy would be found concentrated in the very highest frequencies, an embarrassing conclusion that came to be called 'the ultraviolet catastrophe'. The catastrophic nature of this conclusion is clear enough: 'ultraviolet' is then a way of saying 'high frequencies'. The disaster arose because classical statistical physics predicts that each degree of freedom of the system (in this case, each distinct way in which the radiation can wave) will receive the same fixed amount of energy, a quantity that depends only on the temperature. The higher the frequency, the greater the number of corresponding modes of oscillation there are, with the result that the very highest frequencies run away with everything, piling up unlimited quantities of energy. Here was a problem that amounted to rather more than an unsightly flaw on the face of the splendid facade of classical physics. It was rather the case of a gaping hole in the building.

Within a year, Max Planck, now a professor of physics in Berlin, had found a remarkable way out of the dilemma. He told his son that he believed he had made a discovery of equal significance to those of Newton. It might have seemed a grandiose claim to make, but Planck was simply speaking the sober truth.

Classical physics considered that radiation oozed continuously in and out of the black body, much as water might ooze in and out of a sponge. In the smoothly changing world of classical physics, no other supposition seemed at all plausible. Yet Planck made a contrary proposal, suggesting that radiation was emitted or absorbed from time to time in packets of energy of a definite size. He specified that the energy content of one of these *quanta* (as the packets were called) would be proportional to the frequency of the radiation. The constant of proportionality was taken to be a universal constant of nature, now known as Planck's constant. It is denoted by the symbol h. The magnitude of h is very small in terms of sizes corresponding to everyday experience. That was why this punctuated behaviour of radiation had not been noticed before; a row of small dots very close together looks like a solid line.

An immediate consequence of this daring hypothesis was that high-frequency radiation could only be emitted or absorbed in events involving a single quantum of significally high energy. This large energy tariff meant that these high-frequency events would be severely suppressed in comparison with the expectations of classical physics. Taming of the high frequencies in this way not only removed the ultraviolet catastrophe, it also yielded a formula in detailed agreement with the empirical result.

Planck was obviously on to something of great significance. But exactly what that significance was, neither he nor others were sure about at first. How seriously should one take the quanta? Were they a persistent feature of radiation or simply an aspect of the way that radiation happened to interact with a black body? After all, drips from a tap form a sequence of aqueous quanta, but they merge with the rest of the water and lose their individual identity as soon as they fall into the basin.

The photoelectric effect

The next advance was made by a young man with time on his hands as he worked as a third-class examiner in the Patent Office in Berne. His name was Albert Einstein. In 1905, an *annus mirabilis* for Einstein, he made three fundamental discoveries. One of them proved to be the next step in the unfolding story of quantum theory. Einstein thought about the puzzling properties that had come to light from investigations into the photoelectric effect [**2**]. This is the phenomenon in which a beam of light ejects electrons from within a metal. Metals contain electrons that are able to move around within their interior (their flow is what generates an electric current), but which do not have enough energy to escape from the metal entirely. That the photoelectric effect happened was not at all surprising. The radiation transfers energy to electrons trapped inside the metal and, if the gain is sufficient, an electron can then escape from the forces that constrain it. On a classical way of thinking, the electrons would be agitated by the 'swell' of the light waves and some could be sufficiently disturbed to shake loose from the metal. According to this picture, the degree to which this happened would be expected to depend upon the intensity of the beam, since this determined its energy content, but one would not anticipate any particular dependence on the frequency of the incident light. In actual fact, the experiments showed exactly the reverse behaviour. Below a certain critical frequency, no electrons were emitted, however intense the beam might be; above that frequency, even a weak beam could eject some electrons.

Einstein saw that this puzzling behaviour became instantly intelligible if one considered the beam of light as a stream of persisting quanta. An electron would be ejected because one of these quanta had collided with it and given up all its energy. The amount of energy in that quantum, according to Planck, was directly proportional to the frequency. If the frequency were too low, there would not be enough energy transferred in a collision to enable the electron to escape. On the other hand, if the frequency exceeded a certain critical value, there would be enough energy for the electron to be able to get away. The intensity of the beam simply determined how many quanta it contained, and so how many electrons were involved in collisions and ejected. Increasing the intensity could not alter the energy transferred in a single collision. Taking seriously the existence of quanta of light (they came to be called 'photons'), explained the mystery of the photoelectric effect. The young Einstein had made a capital discovery. In fact, eventually he was awarded his Nobel Prize for it, the Swedish Academy presumably considering his two other great discoveries of 1905 – special relativity and a convincing demonstration of the reality of molecules – as still being too speculative to be rewarded in this fashion!

The quantum analysis of the photoelectric effect was a great physics victory, but it seemed nevertheless to be a pyrrhic victory. The subject now faced a severe crisis. How could all those great 19th-century insights into the wave nature of light be reconciled with these new ideas? After all, a wave is a spread-out, flappy thing, while a quantum is particlelike, a kind of little bullet. How could both possibly be true? For a long while physicists just had to live with the uncomfortable paradox of the wave/particle nature of light. No progress would have been made by trying to deny the insights either of Young and Maxwell or of Planck and Einstein. People just had to hang on to experience by the skin of their intellectual teeth, even if they could not make sense of it. Many seem to have done so by the rather cowardly tactic of averting their gaze. Eventually, however, we shall find that the story had a happy ending.

The nuclear atom

In the meantime, attention turned from light to atoms. In Manchester in 1911, Ernest Rutherford and some younger co-workers began to study how some small, positively charged projectiles called α-particles behaved when they impinged on a thin gold film. Many α-particles passed through little affected but, to the great surprise of the investigators, some were substantially deflected. Rutherford said later that it was as astonishing as if a 15″ naval shell had recoiled on striking a sheet of tissue paper. The plum pudding model of the atom could make no sense at all of this result. The α-particles should have sailed through like a bullet through cake. Rutherford quickly saw that there was only one way out of the dilemma. The positive charge of the gold atoms, which would repel the positive α-particles, could not be spread out as in a 'pudding' but must all be concentrated at the centre of the atom. A close encounter with such concentrated charge would be able substantially to deflect an α-particle. Getting out an old mechanics textbook from his undergraduate days in New Zealand, Rutherford – who was a wonderful experimental physicist but no great shakes as a mathematician – was able to show that this idea, of a central positive charge in the atom orbited by negative electrons, perfectly fitted the observed behaviour. The plum pudding model instantly gave way to the 'solar system' model of the atom. Rutherford and his colleagues had discovered the atomic nucleus.

Here was a great success, but it seemed at first sight to be yet another pyrrhic victory. In fact, the discovery of the nucleus plunged classical physics into its deepest crisis yet. If the electrons in an atom are encircling the nucleus, they are continually changing their direction of motion. Classical electromagnetic theory then requires that in this process they should radiate away some of their energy. As a result they should steadily move in nearer to the nucleus. This is a truly disastrous conclusion, for it implies that atoms would be unstable, as their component electrons spiralled into collapse towards the centre. Moreover, in the course of this decay, a continuous pattern of radiation would be emitted that looked nothing like the sharp spectral frequencies of the Balmer formula. After 1911, the grand edifice of classical physics was not just beginning to crack. It looked as though an earthquake had struck it.

The Bohr atom

However, as with the case of Planck and the ultraviolet catastrophe, there was a theoretical physicist at hand to come to the rescue and to snatch success from the jaws of failure by proposing a daring and radical new hypothesis. This time it was a young Dane called Niels Bohr, who was working in Rutherford's Manchester. In 1913, Bohr made a revolutionary proposal [**3**]. Planck had replaced the classical idea of a smooth process in which energy oozed in and out of a black body by the notion of a punctuated process in which the energy is emitted or absorbed as quanta. In mathematical terms, this meant that a quantity such as the energy exchanged, which previously had been thought of as taking any possible value, was now considered to be able only to take a series of sharp values (1, 2, 3, . . . packets involved). Mathematicians would say that the continuous had been replaced by the discrete. Bohr saw that this might be a very general tendency in the new kind of physics that was slowly coming to birth. He applied to atoms similar principles to those that Planck had applied to radiation. A classical physicist would have supposed that electrons encircling a nucleus could do so in orbits whose radii could take any value. Bohr proposed the replacement of this continuous possibility by the discrete requirement that the radii could only take a series of distinct values that one could enumerate (first, second, third, . . .). He also made a definite suggestion of how these possible radii were determined, using a prescription that involved Planck's constant, h. (The proposal related to angular momentum, a measure of the electron's rotatory motion that is measured in the same physical units as h.)

Two consequences followed from these proposals. One was the highly desirable property of re-establishing the stability of atoms. Once an electron was in the state corresponding to the lowest permitted radius (which was also the state of lowest energy), it had nowhere else to go and so no more energy could be lost. The electron might have got to this lowest state by losing energy as it moved from a state of higher radius. Bohr assumed that when this happened the surplus energy would be radiated away as a single photon. Doing the sums showed that this idea led straightforwardly to the second consequence of Bohr's bold surmise, the prediction of the Balmer formula for spectral lines. After almost 30 years, this mysterious numerical prescription changed from being an inexplicable oddity into being an intelligible property of the new theory of atoms. The sharpness of spectral lines was seen as a reflection of the discreteness that was beginning to be recognized as a characteristic feature of quantum thinking. The continuously spiralling motion that would have been expected on the basis of classical physics had been replaced by a sharply discontinuous quantum jump from an orbit of one permitted radius to an orbit of a lower permitted radius.

The Bohr atom was a great triumph. But it had arisen from an act of inspired tinkering with what was still, in many respects, classical physics. Bohr's pioneering work was, in reality, a substantial repair, patched on to the shattered edifice of classical physics. Attempts to extend these concepts further soon began to run into difficulties and to encounter inconsistencies. The 'old quantum theory', as these efforts came to be called, was an uneasy and unreconciled combination of the classical ideas of Newton and Maxwell with the quantum prescriptions of Planck and Einstein. Bohr's work was a vital step in the unfolding history of quantum physics, but it could be no more than a staging post on the way to the 'new quantum theory', a fully integrated and consistent account of these strange ideas. Before that was attained, there was another important phenomenon to be discovered that further emphasized the unavoidable necessity of finding a way to cope with quantum thinking.

Compton scattering

In 1923, the American physicist Arthur Compton investigated the scattering of X-rays (high-frequency electromagnetic radiation) by matter. He found that the scattered radiation had its frequency changed. On a wave picture, this could not be understood. The latter implied that the scattering process would be due to electrons in the atoms absorbing and re-emitting energy from the incident waves, and that this would take place without a change of frequency. On a photon picture, however, the result could easily be understood. What would be involved would be a 'billiard ball' collision between an electron and a photon, in the course of which the photon would lose some of its energy to the electron. According to the Planck prescription, change of energy is the same as change of frequency. Compton was thus able to give a quantitative explanation of his observations, thereby providing the most persuasive evidence to date for the particlelike character of electromagnetic radiation.

The perplexities to which the sequence of discoveries discussed in this chapter gave rise were not to continue unaddressed for much longer. Within two years of Compton's work, theoretical progress of a substantial and lasting kind came to be made. The light of the new quantum theory began to dawn.

Chapter 2
The light dawns

The years following Max Planck's pioneering proposal were a time of confusion and darkness for the physics community. Light was waves; light was particles. Tantalizingly successful models, such as the Bohr atom, held out the promise that a new physical theory was in the offing, but the imperfect imposition of these quantum patches on the battered ruins of classical physics showed that more insight was needed before a consistent picture could emerge. When eventually the light did dawn, it did so with all the suddenness of a tropical sunrise.

In the years 1925 and 1926 modern quantum theory came into being fully fledged. These *anni mirabiles* remain an episode of great significance in the folk memory of the theoretical physics community, still recalled with awe despite the fact that living memory no longer has access to those heroic times. When there are contemporary stirrings in fundamental aspects of physical theory, people may be heard to say, 'I have the feeling that it is 1925 all over again'. There is a wistful note present in such a remark. As Wordsworth said about the French Revolution, 'Bliss it was in that dawn to be alive, but to be young was very heaven!' In fact, though many important advances have been made in the last 75 years, there has not yet been a second time when radical revision of physical principles has been necessary on the scale that attended the birth of quantum theory.

A. PICCARD E. HENRIOT P. EHRENFEST Ed. HERZEN Th. DE DONDER E. SCHRÖDINGER E. VERSCHAFFELT W. PAULI W. HEISENBERG R.H. FOWLER L. BRILLOUIN

P. DEBYE M. KNUDSEN W.L. BRAGG H.A. KRAMERS P.A.M. DIRAC A.H. COMPTON L. de BROGLIE M. BORN N. BOHR

I. LANGMUIR M. PLANCK Mme CURIE H.A. LORENTZ A. EINSTEIN P. LANGEVIN Ch.E. GUYE C.T.R. WILSON O.W. RICHARDSON

Absents : Sir W.H. BRAGG, H. DESLANDRES et E. VAN AUBEL

2. The great and the good of quantum theory: Solvay Conference 1927

Two men in particular set the quantum revolution underway, producing almost simultaneously startling new ideas.

Matrix mechanics

One of them was a young German theorist, Werner Heisenberg. He had been struggling to understand the details of atomic spectra. Spectroscopy has played a very important role in the development of modern physics. One reason has been that experimental techniques for the measurement of the frequencies of spectral lines are capable of great refinement, so that they yield very accurate results that pose very precise problems for theorists to attack. We have already seen a simple example of this in the case of the hydrogen spectrum, with Balmer's formula and Bohr's explanation of it in terms of his atomic model. Matters had become more complicated since then, and Heisenberg was concerned with a much wider and more ambitious assault on spectral properties generally. While recuperating on the North Sea island of Heligoland from a severe attack of hay fever, he made his big breakthrough. The calculations looked pretty complicated but, when the mathematical dust settled, it became apparent that what had been involved was the manipulation of mathematical entities called matrices (arrays of numbers that multiply together in a particular way). Hence Heisenberg's discovery came to be known as matrix mechanics. The underlying ideas will reappear a little later in a yet more general form. For the present, let us just note that matrices differ from simple numbers in that, in general, they do not commute. That is to say, if A and B are two matrices, the product AB and the product BA are not usually the same. The order of multiplication matters, in contrast to numbers, where 2 times 3 and 3 times 2 are both 6. It turned out that this mathematical property of matrices has an important physical significance connected with what quantities could simultaneously be measured in quantum mechanics. [See **4** for a further mathematical generalization that proved necessary for the full development of quantum theory.]

In 1925 matrices were as mathematically exotic to the average theoretical physicist as they may be today to the average non-mathematical reader of this book. Much more familiar to the physicists of the time was the mathematics associated with wave motion (involving partial differential equations). This used techniques that were standard in classical physics of the kind that Maxwell had developed. Hard on the heels of Heisenberg's discovery came a very different-looking version of quantum theory, based on the much more friendly mathematics of wave equations.

Wave mechanics

Appropriately enough, this second account of quantum theory was called wave mechanics. Although its fully developed version was discovered by the Austrian physicist Erwin Schrödinger, a move in the right direction had been made a little earlier in the work of a young French aristocrat, Prince Louis de Broglie [5]. The latter made the bold suggestion that if undulating light also showed particlelike properties, perhaps correspondingly one should expect particles such as electrons to manifest wavelike properties. De Broglie could cast this idea into a quantitative form by generalizing the Planck formula. The latter had made the particlelike property of energy proportional to the wavelike property of frequency. De Broglie suggested that another particlelike property, momentum (a significant physical quantity, well-defined and roughly corresponding to the quantity of persistent motion possessed by a particle), should analogously be related to another wavelike property, wavelength, with Planck's universal constant again the relevant constant of proportionality. These equivalences provided a kind of mini-dictionary for translating from particles to waves, and vice versa. In 1924, de Broglie laid out these ideas in his doctoral dissertation. The authorities at the University of Paris felt pretty suspicious of such heterodox notions, but fortunately they consulted Einstein on the side. He recognized the young man's genius and the degree was awarded. Within a few years, experiments by Davisson and Germer in the United States, and by

George Thomson in England, were able to demonstrate the existence of interference patterns when a beam of electrons interacted with a crystal lattice, thereby confirming that electrons did indeed manifest wavelike behaviour. Louis de Broglie was awarded the Nobel Prize for physics in 1929. (George Thomson was the son of J. J. Thomson. It has often been remarked that the father won his Nobel Prize for showing that the electron is a particle, while the son won his Nobel Prize for showing that the electron is a wave.)

The ideas that de Broglie had developed were based on discussing the properties of freely moving particles. To attain a full dynamical theory, a further generalization would be required that allowed the incorporation of interactions into its account. This is the problem that Schrödinger succeeded in solving. Early in 1926 he published the famous equation that now goes by his name [**6**]. He had been led to its discovery by exploiting an analogy drawn from optics.

Although physicists in the 19th century thought of light as consisting of waves, they did not always use the full-blown calculational techniques of wave motion to work out what was happening. If the wavelength of the light was small compared to the dimensions defining the problem, it was possible to employ an altogether simpler method. This was the approach of geometrical optics, which treated light as moving in straight line rays which were reflected or refracted according to simple rules. School physics calculations of elementary lens and mirror systems are performed today in just the same fashion, without the calculators having to worry at all about the complexities of a wave equation. The simplicity of ray optics applied to light is similar to the simplicity of drawing trajectories in particle mechanics. If the latter were to prove to be only an approximation to an underlying wave mechanics, Schrödinger argued that this wave mechanics might be discoverable by reversing the kind of considerations that had led from wave optics to geometrical optics. In this way he discovered the Schrödinger equation.

Schrödinger published his ideas only a few months after Heisenberg had presented his theory of matrix mechanics to the physics community. At the time, Schrödinger was 38, providing an outstanding counterexample to the assertion, sometimes made by non-scientists, that theoretical physicists do their really original work before they are 25. The Schrödinger equation is the fundamental dynamical equation of quantum theory. It is a fairly straightforward type of partial differential equation, of a kind that was familiar to physicists at that time and for which they possessed a formidable battery of mathematical solution techniques. It was much easier to use than Heisenberg's new-fangled matrix methods. At once people could set to work applying these ideas to a variety of specific physical problems. Schrödinger himself was able to derive from his equation the Balmer formula for the hydrogen spectrum. This calculation showed both how near and yet how far from the truth Bohr had been in the inspired tinkering of the old quantum theory. (Angular momentum was important, but not exactly in the way that Bohr had proposed.)

Quantum mechanics

It was clear that Heisenberg and Schrödinger had made impressive advances. Yet at first sight the way in which they had presented their new ideas appeared so different that it was not clear whether they had made the same discovery, differently expressed, or whether there were two rival proposals on the table [see the discussion of **10**]. Important clarificatory work immediately followed, to which Max Born in Göttingen and Paul Dirac in Cambridge were particularly significant contributors. It soon became established that there was a single theory that was based on common general principles, whose mathematical articulation could take a variety of equivalent forms. These general principles were eventually most transparently set out in Dirac's *Principles of Quantum Mechanics*, first published in 1930 and one of the intellectual classics of the 20th century. The preface to the first edition begins with the deceptively simple statement, 'The methods of progress in theoretical physics have undergone a vast change during the present century'. We must now consider the transformed picture of the nature of the physical world that this vast change had introduced.

I learned my quantum mechanics straight from the horse's mouth, so to speak. That is to say, I attended the famous course of lectures on quantum theory that Dirac gave in Cambridge over a period of more than 30 years. The audience included not only final year undergraduates like myself, but frequently also senior visitors who rightly thought it would be a privilege to hear again the story, however familiar it might be to them in outline, from the lips of the man who had been one of its outstanding protagonists. The lectures followed closely the pattern of Dirac's book. An impressive feature was an utter lack of emphasis on the part of the lecturer on what had been his own considerable personal contribution to these great discoveries. I have already spoken of Dirac as a kind of scientific saint, in the purity of his mind and the singleness of his purpose. The lectures enthralled one by their clarity and the majestic unfolding of their argument, as satisfying and seemingly inevitable as the development of a Bach fugue. They were wholly free from rhetorical tricks of any kind, but near the beginning Dirac did permit himself a mildly theatrical gesture.

He took a piece of chalk and broke it in two. Placing one fragment on one side of his lectern and the other on the other side, Dirac said that classically there is a state where the piece of chalk is 'here' and one where the piece of chalk is 'there', and these are the only two possibilities. Replace the chalk, however, by an electron and in the quantum world there are not only states of 'here' and 'there' but also a whole host of other states that are mixtures of these possibilities – a bit of 'here' and a bit of 'there' added together. Quantum theory permits the mixing together of states that classically would be mutually exclusive of each other. It is this counterintuitive possibility of addition that marks off the quantum world from the everyday world of classical physics [7]. In professional jargon this new possibility is called the *superposition principle.*

Double slits and superposition

The radical consequences that follow from the assumption of superposition are well illustrated by what is called the double slits experiment. Richard Feynman, the spirited Nobel Prize physicist who has caught the popular imagination by his anecdotal books, once described this phenomenon as lying at 'the heart of quantum mechanics'. He took the view that you had to swallow quantum theory whole, without worrying about the taste or whether you could digest it. This could be done by gulping down the double slits experiment, for

> In reality it contains the *only* mystery. We cannot make the mystery go away by 'explaining' how it works. We will just *tell* you how it works. In telling you how it works we will have told you about the basic peculiarities of all quantum mechanics.

After such a trailer, the reader will surely want to get to grips with this intriguing phenomenon. The experiment involves a source of quantum entities, let us say an electron gun that fires a steady stream of particles. These particles impinge on a screen in which there are two slits, A and B. Beyond the slitted screen there is a detector screen that can register the arrival of the electrons. It could be a large photographic plate on which each incident electron will make a mark. The rate of delivery from the electron gun is adjusted so that there is only a single electron traversing the apparatus at any one time. We then observe what happens.

The electrons arrive at the detector screen one by one, and for each of them one sees a corresponding mark appearing that records its point of impact. This manifests individual electron behaviour in a particlelike mode. However, when a large number of marks have

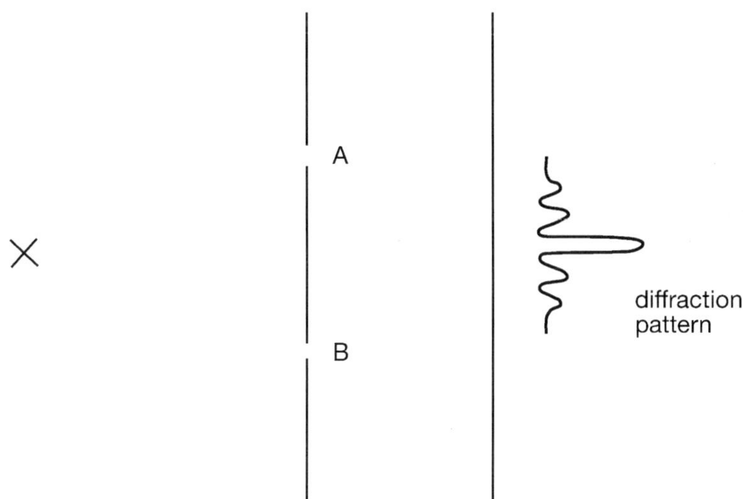

3. The double slits experiment

accumulated on the detector screen, we find that the collective pattern they have created shows the familiar form of an interference effect. There is an intense dark spot on the screen opposite the point midway between the two slits, corresponding to the location where the largest number of electron marks have been deposited. On either side of this central band there are alternating light and diminishingly dark bands, corresponding to the non-arrival and arrival of electrons at these positions respectively. Such a diffraction pattern (as the physicists call these interference effects) is the unmistakable signature of electrons behaving in a wavelike mode.

The phenomenon is a neat example of electron wave/particle duality. Electrons arriving one by one is particlelike behaviour; the resulting collective interference pattern is wavelike behaviour. But there is something much more interesting than that to be said. We can probe a little deeper into what is going on by asking the question, When an indivisible single electron is traversing the apparatus, through which slit does it pass in order to get to the detector screen? Let us suppose that it went through the top slit,

A. If that were the case, the lower slit B was really irrelevant and it might just as well have been temporarily closed up. But, with only A open, the electron would not be most likely to arrive at the midpoint of the far screen, but instead it would be most likely to end up at the point opposite A. Since this is not the case, we conclude that the electron could not have gone through A. Standing the argument on its head, we conclude that the electron could not have gone through B either. What then was happening? That great and good man, Sherlock Holmes, was fond of saying that when you have eliminated the impossible, whatever remains must have been the case, however improbable it may seem to be. Applying this Holmesian principle leads us to the conclusion that the indivisible electron *went through both slits*. In terms of classical intuition this is a nonsense conclusion. In terms of quantum theory's superposition principle, however, it makes perfect sense. The state of motion of the electron was the addition of the states (going through A) and (going through B).

The superposition principle implies two very general features of quantum theory. One is that it is no longer possible to form a clear picture of what is happening in the course of physical process. Living as we do in the (classical) everyday world, it is impossible for us to visualize an indivisible particle going through both slits. The other consequence is that it is no longer possible to predict exactly what will happen when we make an observation. Suppose we were to modify the double slits experiment by putting a detector near each of the two slits, so that it could be determined which slit an electron had passed through. It turns out that this modification of the experiment would bring about two consequences. One is that sometimes the electron would be detected near slit A and sometimes it would be detected near slit B. It would be impossible to predict where it would be found on any particular occasion but, over a long series of trials, the relative probabilities associated with the two slits would be 50–50. This illustrates the general feature that in quantum theory predictions of the results of measurement are statistical in character and not deterministic. Quantum theory deals in probabilities rather than certainties. The other consequence of this modification of the experiment would be the destruction of the interference pattern on the final screen. No longer would electrons tend to the middle point of the detector screen but they would split evenly between those arriving opposite A and those arriving opposite B. In other words, the behaviour one finds depends upon what one chooses to look for. Asking a particlelike question (which slit?) gives a particlelike answer; asking a wavelike question (only about the final accumulated pattern on the detector screen) gives a wavelike answer.

Probabilities

It was Max Born at Göttingen who first clearly emphasized the probabilistic character of quantum theory, an achievement for which he would only receive his well-deserved Nobel Prize as late as 1954. The advent of wave mechanics had raised the familiar question, Waves of what? Initially there was some disposition to suppose that it might be a question of waves of matter, so that it was the electron itself that was spread out in this wavelike way. Born soon realized that this idea did not work. It could not accommodate particlelike properties. Instead it was waves of probability that the Schrödinger equation described. This development did not please all the pioneers, for many retained strongly the deterministic instincts of classical physics. Both de Broglie and Schrödinger became disillusioned with quantum physics when presented with its probabilistic character.

The probability interpretation implied that measurements must be occasions of instantaneous and discontinuous change. If an electron was in a state with probability spread out 'here', 'there', and, perhaps, 'everywhere', when its position was measured and found to be, on this occasion, 'here', then the probability distribution had suddenly to change, becoming concentrated solely on the actually measured position, 'here'. Since the probability distribution is to be calculated from the wavefunction, this too must change discontinuously, a behaviour that the Schrödinger equation itself did not imply. This phenomenon of sudden change, called the collapse of the wavepacket, was an extra condition that had to be imposed upon the theory from without. We shall see in the next chapter that the process of measurement continues to give rise to perplexities about how to understand and interpret quantum theory. In someone like Schrödinger, the issue evoked more than perplexity. It filled him with distaste and he said that if he had known that his ideas would have led to this 'damn quantum jumping' he would not have wished to discover his equation!

Observables

(Warning to the reader: This section includes some simple mathematical ideas that are well worth the effort to acquire, but whose digestion will require some concentration. This is the only section in the main text to risk a glancing encounter with mathematics. I regret that it cannot help being somewhat hard-going for the non-mathematician.)

Classical physics describes a world that is clear and determinate. Quantum physics describes a world that is cloudy and fitful. In terms of the formalism (the mathematical expression of the theory), we have seen that these properties arise from the fact that the quantum superposition principle permits the mixing together of states that classically would be strictly immiscible. This simple principle of counterintuitive additivity finds a natural form of mathematical expression in terms of what are called vector spaces [7].

A vector in ordinary space can be thought of as an arrow, something of given length pointing in a given direction. Arrows can be added together simply by following one after the other. For example, four miles in a northerly direction followed by three miles in an easterly direction adds up to five miles in a direction 37° east of north (see

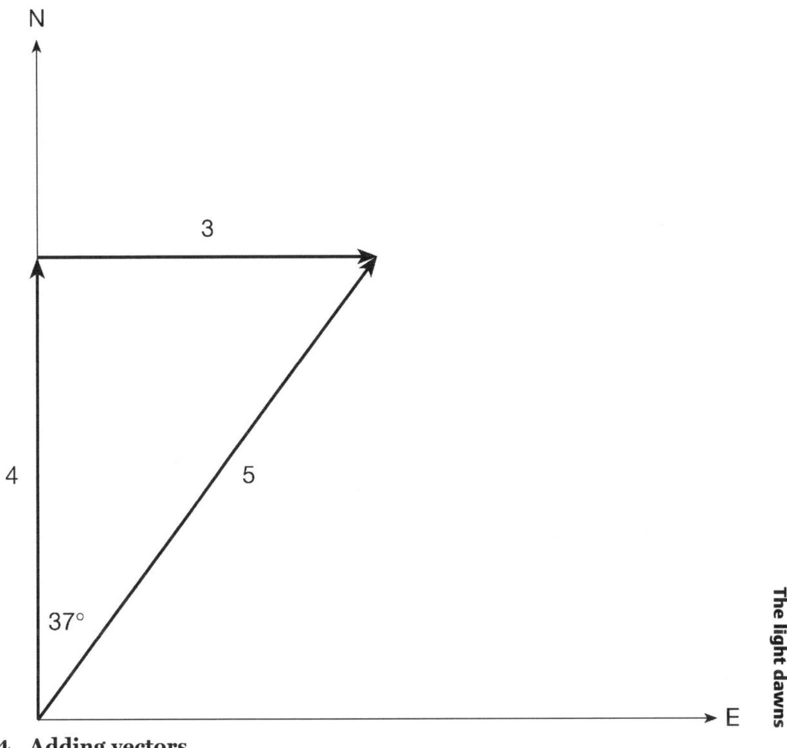

4. Adding vectors

figure 4). Mathematicians can generalize these ideas to spaces of any number of dimensions. The essential property that all vectors have is that they can be added together. Thus they provide a natural mathematical counterpart to the quantum superposition principle. The details need not concern us here but, since it is always good to feel at home with terminology, it is worth remarking that a particularly sophisticated form of vector space, called a Hilbert space, provides the mathematical vehicle of choice for quantum theory.

So far the discussion has concentrated on states of motion. One may think of them as arising from specific ways of preparing the initial material for an experiment: firing electrons from an electron gun; passing light through a particular optical system; deflecting particles by a particular set of electric and magnetic fields; and so on. One can think of the state as being 'what is the case' for the system that has been prepared, though the unpicturability of quantum theory means that this will not be as clear and straightforward a matter as it would be in classical physics. If the physicist wants to know something more precisely (where actually is the electron?), it will be necessary to make an observation, involving an experimental intervention on the system. For example, the experimenter may wish to measure some particular dynamical quantity, such as the position or the momentum of an electron. The formal question then arises: If the state is represented by a vector, how are the observables that can be measured to be represented? The answer lies in terms of operators acting on the Hilbert space. Thus the scheme linking mathematical formalism to physics includes not only the specification that vectors correspond to states, but also that operators correspond to observables [8].

The general idea of an operator is that it is something that transforms one state into another. A simple example is provided by rotation operators. In ordinary three-dimensional space, a rotation through 90° about the vertical (in the sense of a right-handed screw) turns a vector (think of it as an arrow) pointing east into a vector (arrow) pointing north. An important property of operators is that usually they do not commute with each other; that is to say the order in which they act is significant. Consider two operators: R_1, a rotation through 90° about the vertical; R_2, a rotation through 90° (again right-handed) about a horizontal axis pointing north. Apply them in the order R_1 followed by R_2 to an arrow pointing east. R_1 turns this into an arrow pointing north, which is then unchanged by R_2. We represent the two operations performed in this order as the product $R_2.R_1$, since operators, like Hebrew and Arabic, are always read from right to left. Applying the operators in the reverse order first changes the eastward arrow into an arrow pointing downwards (effect of R_2), which is then left unchanged (effect of R_1). Since $R_2.R_1$ ends up with an arrow pointing north and $R_1.R_2$

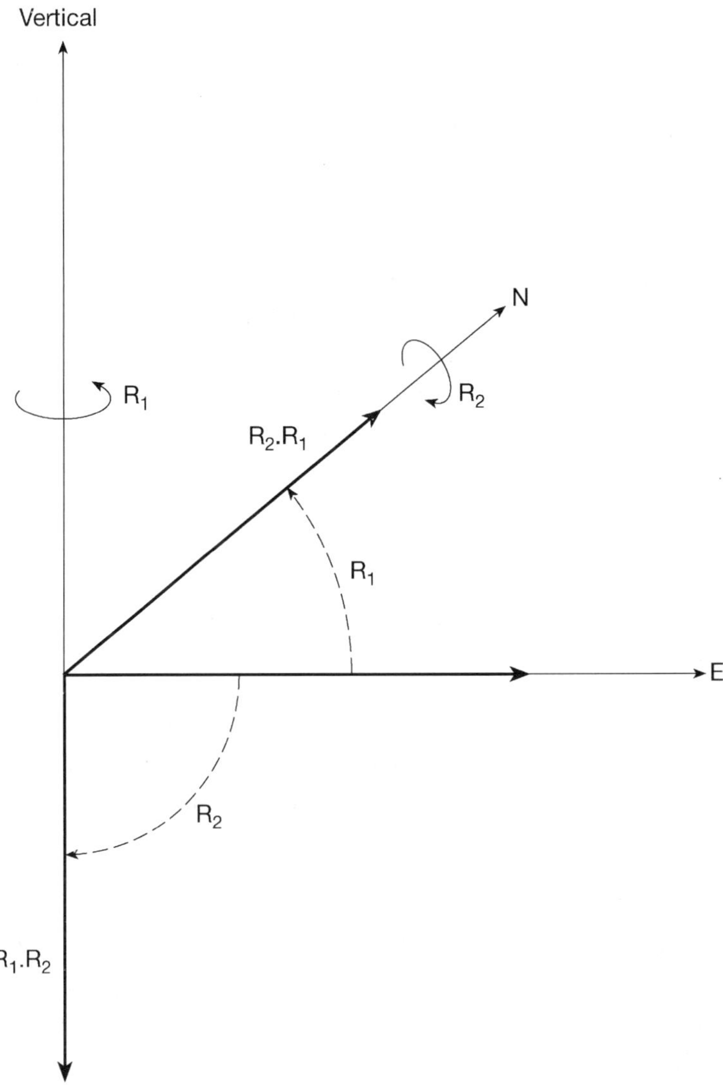

5. Non-commuting rotations

ends up with an arrow pointing downwards, these two products are quite distinct from each other. The order matters – rotations do not commute.

Mathematicians will recognize that matrices can also be considered as operators, and so the non-commutativity of the matrices that Heisenberg used is another specific example of this general operator property.

All this may seem pretty abstract, but non-commutativity proves to be the mathematical counterpart of an important physical property. To see how this comes about, one must first establish how the operator formalism for observables is related to the actual results of experiments. Operators are fairly sophisticated mathematical entities, but measurements are always expressed as unsophisticated numbers, such as 2.7 units of whatever it might be. If abstract theory is to make sense of physical observations, there must be a way of associating numbers (the results of observations) with operators (the mathematical formalism). Fortunately mathematics proves equal to this challenge. The key ideas are *eigenvectors* and *eigenvalues* [**8**].

Sometimes an operator acting on a vector does not change that vector's direction. An example would be a rotation about the vertical axis, which leaves a vertical vector completely unchanged. Another example would be the operation of stretching in the vertical direction. This would not change a vertical vector's direction, but it would change its length. If the stretch has a doubling effect, the length of the vertical vector gets multiplied by 2. In more general terms, we say that if an operator O turns a particular vector v into a multiple λ of itself, then v is an eigenvector of O with eigenvalue λ. The essential idea is that eigenvalues (λ) give a mathematical way of associating numbers with a particular operator (O) and a particular state (v). The general principles of quantum theory include the bold requirement that an eigenvector (also called an eigenstate) will correspond physically to a state in which measuring the observable quantity O will *with certainty* give the result λ.

A number of significant consequences flow from this rule. One is the converse, that, because there are many vectors that are not eigenvectors, there will be many states in which measuring O will not give any particular result with certainty. (Mathematica aside: it is fairly easy to see that superposing two eigenstates of O corresponding to different eigenvalues will give a state that cannot be a simple eigenstate of O.) Measuring O in states of this latter kind must, therefore, give a variety of different answers on different occasions of measurement. (The familiar probabilistic character of quantum theory is again being manifested.) Whatever result is actually obtained, the consequent state must then correspond to it; that is to say, the vector must change instantaneously to become the appropriate eigenvector of O. This is the sophisticated version of the collapse of the wavepacket.

Another important consequence relates to what measurements can be mutually compatible, that is to say, made at the same time. Suppose it is possible to measure both O_1 and O_2 simultaneously, with results λ_1 and λ_2, respectively. Doing so in one order multiplies the state vector by λ_1 and then by λ_2, while reversing the order of the observations simply reverses the order in which the λs multiplies the state vector. Since the λs are just ordinary numbers, this order does not matter. This implies that $O_2.O_1$ and $O_1.O_2$ acting on the state vector have identical effects, so that the operator order does not matter. In other words, simultaneous measurements can only be mutually compatible for observables corresponding to operators that commute with each other. Putting it the other way round, observables that do not commute will not be simultaneously measurable.

Here we see the familar cloudiness of quantum theory being manifested again. In classical physics the experimenter can measure whatever is desired whenever it is desired to do so. The physical world is laid out before the potentially all-seeing eye of the scientist. In the quantum world, by contrast, the physicist's vision is partially veiled. Our access to knowledge of quantum entities is epistemologically more limited than classical physics had supposed.

Our mathematical flirtation with vector spaces is at an end. Any reader who is dazed should simply hold on to the fact that in quantum theory only observables whose operators commute with each other can be measured simultaneously.

The uncertainty principle

What all this means was considerably clarified by Heisenberg in 1927 when he formulated his celebrated uncertainty principle. He realized that the theory should specify what it permitted to be known by way of measurement. Heisenberg's concern was not with mathematical arguments of the kind that we have just been considering, but with idealized 'thought experiments' that sought to explore the physical content of quantum mechanics. One of these thought experiments involved considering the so-called γ-ray microscope.

The idea is to find out in principle how accurately one might be able to measure the position and momentum of an electron. According to the rules of quantum mechanics, the corresponding operators do not commute. Therefore, if the theory really works, it should not be possible to know the values of both position and momentum with arbitrary accuracy. Heisenberg wanted to understand in physical terms why this was so. Let's start by trying to measure the electron's position. In principle, one way to do this would be to shine light on the electron and then look through a microscope to see where it is. (Remember these are *thought* experiments.) Now, optical instruments have a limited resolving power, which places restrictions on how accurately objects can be located. One cannot do better than the wavelength of the light being used. Of course one way to increase accuracy would be to use shorter wavelengths –

which is where the γ-rays come in, since they are very high-frequency (short wavelength) radiation. However, this ruse exacts a cost, resulting from the particlelike character of the radiation. For the electron to be seen at all, it must deflect at least one photon into the microscope. Planck's formula implies that the higher the frequency, the more energy that photon will be carrying. As a result, decreasing the wavelength subjects the electron to more and more by way of an uncontrollable disturbance of its motion through its collision with the photon. The implication is that one increasingly loses knowledge of what the electron's momentum will be after the position measurement. There is an inescapable trade-off between the increasing accuracy of position measurement and the decreasing accuracy of knowledge of momentum. This fact is the basis of the uncertainty principle: it is not possible simultaneously to have perfect knowledge of both position and momentum [**9**]. In more picturesque language, one can know where an electron is, but not know what it is doing; or one can know what it is doing, but not know where it is. In the quantum world, what the classical physicist would regard as half-knowledge is the best that we can manage.

This demi-knowledge is a quantum characteristic. Observables come in pairs that epistemologically exclude each other. An everyday example of this behaviour can be given in musical terms. It is not possible both to assign a precise instant to when a note was sounded and to know precisely what its pitch was. This is because determining the pitch of a note requires analysing the frequency of the sound and this requires listening to a note for a period lasting several oscillations before an accurate estimate can be made. It is the wave nature of sound that imposes this restriction, and if the measurement questions of quantum theory are discussed from the point of view of wave mechanics, exactly similar considerations lead back to the uncertainty principle.

There is an interesting human story behind Heisenberg's discovery. At the time he was working at the Institute in Copenhagen, whose head was Niels Bohr. Bohr loved interminable discussions and the young Heisenberg was one of his favourite conversation partners. In fact, after a while, Bohr's endless ruminations drove his younger colleague almost to distraction. Heisenberg was glad to seize the opportunity afforded by Bohr's absence on a skiing holiday to get on with his own work by completing his paper on the uncertainty principle. He then rushed it off for publication before the grand old man got back. When Bohr returned, however, he detected an error that Heisenberg had made. Fortunately the error was correctable and doing so did not affect the final result. This minor blunder involved a mistake about the resolving power of optical instruments. It so happened that Heisenberg had had trouble with this subject before. He did his doctoral work in Munich under the direction of Arnold Sommerfeld, one of the leading protagonists of the old quantum theory. Brilliant as a theorist, Heisenberg had not bothered much with the experimental work that was also supposed to be a part of his studies. Sommerfeld's experimental colleague, Wilhelm Wien, had noted this. He resented the young man's cavalier attitude and decided to put him through it at the oral examination. He stumped Heisenberg precisely with a demand to derive the resolving power of optical instruments! After the exam, Wien asserted that this lapse meant that Heisenberg should fail. Sommerfeld, of course (and rightly), argued for a pass at the highest level. In the end, there had to be a compromise and the future Nobel Prize winner was awarded his PhD, but at the lowest possible level.

Probability amplitudes

The way in which probabilities are calculated in quantum theory is in terms of what are called probability amplitudes. A full discussion would be inappropriately mathematically demanding, but there are two aspects of what is involved of which the reader should be aware. One is that these amplitudes are complex numbers, that is to say, they involve not only ordinary numbers but also i, the 'imaginary' square root of −1. In fact, complex numbers are endemic in the formalism of quantum theory. This is because they afford a very convenient way of representing an aspect of waves that was referred to in Chapter 1, in the course of discussing interference phenomena. We saw that the phase of waves relates to whether two sets of waves are in step or out of step with each other (or any possibility intermediate between these two). Mathematically, complex numbers provide a natural and convenient way of expressing these 'phase relations'. The theory has to be careful, however, to ensure that the results of observations (eigenvalues) are free from any contamination by terms involving i. This is achieved by requiring that the operators corresponding to observables satisfy a certain condition that the mathematicians call being 'hermitean' [**8**].

The second aspect of probability amplitudes that we need at least to be told about is that, as part of the mathematical apparatus of the theory that we have been discussing, their calculation is found to involve a combination of state vectors and observable operators. Since it is these 'matrix elements' (as such combinations are called) that carry the most direct physical significance, and because it turns out that they are formed from what one might call state-observable 'sandwiches', the time-dependence of the physics can be attributed either to a time-dependence present in the state vectors or to a time-dependence present in the observables. This observation turns out to provide the clue to how, despite their apparent differences, the theories of Heisenberg and Schrödinger do actually correspond to exactly the same physics [**10**]. Their seeming dissimilarity arises from Heisenberg's attributing all the time-dependence to the operators and Schrödinger's attributing it wholly to the state vectors.

The probabilities themselves, which to make sense must be positive numbers, are calculated from the amplitudes by a kind of squaring (called 'the square of the modulus') that always yields a positive number from the complex amplitude. There is also a scaling condition (called 'normalization') that ensures that when all the probabilities are added together they total up to 1 (certainly something must happen!).

Complementarity

All the while these wonderful discoveries were coming to light, Copenhagen had been the centre where assessments were made and verdicts delivered on what was happening. By this time, Niels Bohr was no longer himself making detailed contributions to technical advances. Yet he remained deeply interested in interpretative issues and he was the person to whose integrity and discernment the Young Turks, who were actually writing the pioneering papers, submitted their discoveries. Copenhagen was the court of the philosopher-king, to whom the intellectual offerings of the new breed of quantum mechanics were brought for evaluation and recognition.

In addition to this role as father-figure, Bohr did offer an insightful gloss on the new quantum theory. This took the form of his notion of complementarity. Quantum theory offered a number of alternative modes of thought. There were the alternative representations of process that could be based on measuring either all positions or all momenta; the duality between thinking of entities in terms of waves or in terms of particles. Bohr emphasized that both members of these pairs of alternatives were to be taken equally seriously, and could be so treated without contradiction because each complemented rather than conflicted with the other. This was because they corresponded to different, and mutually incompatible, experimental arrangements that could not both be employed at the same time. Either you set up a wave experiment (double slits), in which case a wavelike question was being asked that would receive a wavelike answer (an interference pattern); or you set up a particle experiment (detecting which slit the electron went through) in which case the particlelike question received a particlelike answer (two areas of impact opposite the two slits).

Complementarity was obviously a helpful idea, though it by no means resolved all interpretative problems, as the next chapter will show. As Bohr grew older he became increasingly concerned with philosophical issues. He was undoubtedly a very great physicist, but it seems to me that he was distinctly less gifted at this later avocation. His thoughts were extensive and cloudy, and many books have subsequently been written attempting to analyse them, with conclusions that have assigned to Bohr a variety of mutually incompatible philosophical positions. Perhaps he would not have been surprised at this, for he liked to say that there was a complementarity between being able to say something clearly and its being something deep and worth saying. Certainly, the relevance of complementarity to quantum theory (where the issue arises from experience and we possess an overall theoretical framework that renders it intelligible) provides no licence for the easy export of the notion to other disciplines, as if it could be invoked to 'justify' any paradoxical pairing that took one's fancy. Bohr may be thought to have got perilously close to this when he suggested that complementarity could shed light on the age-old question of determinism and free will in relation to human nature. We shall postpone further philosophical reflection until the final chapter.

Quantum logic

One might well expect quantum theory to modify in striking ways our conceptions of such physical terms as position and momentum. It is altogether more surprising that it has also affected how we think about those little logical words 'and' and 'or'.

Classical logic, as conceived of by Aristotle and the man on the Clapham omnibus, is based on the distributive law of logic. If I tell you that Bill has red hair and he is either at home or at the pub, you will expect either to find a red-haired Bill at home or a red-haired Bill at the pub. It seems a pretty harmless conclusion to draw, and formally it depends upon the Aristotelian law of the excluded middle: there is no middle term between 'at home' and 'not at home'. In the 1930s, people began to realize that matters were different in the quantum world. An electron can not only be 'here' and 'not here', but also in any number of other states that are superpositions of 'here' and 'not here'. That constitutes a middle term undreamed of by Aristotle. The consequence is that there is a special form of logic, called quantum logic, whose details were worked out by Garret Birkhoff and John von Neumann. It is sometimes called three-valued logic, because in addition to 'true' and 'false' it countenances the probabilistic answer 'maybe', an idea that philosophers have toyed with independently.

Chapter 3
Darkening perplexities

At the time at which modern quantum theory was discovered, the physical problems that held centre stage were concerned with the behaviour of atoms and of radiation. This period of initial discovery was followed in the late 1920s and early 1930s by a sustained and feverish period of exploitation, as the new ideas were applied to a wide variety of other physical phenomena. For example, we shall see a little later that quantum theory gave significant new understanding of how electrons behave inside crystalline solids. I once heard Paul Dirac speak of this period of rapid development by saying that it was a time 'when second-rate men did first-rate work'. In almost anyone else's mouth those words would have been a put-down remark of a not very agreeable kind. Not so with Dirac. All his life he had a simple and matter-of-fact way of talking, in which he said what he meant with unadorned directness. His words were simply intended to convey something of the richness of understanding that flowed from those initial fundamental insights.

This successful application of quantum ideas has continued unabated. We now use the theory equally effectively to discuss the behaviour of quarks and gluons, an impressive achievement when we recall that these constituents of nuclear matter are at least 100 million times smaller than the atoms that concerned the pioneers in the 1920s. Physicists know how to do the sums and they find that the answers continue to come out right with astonishing accuracy.

For instance, quantum electrodynamics (the theory of the interaction of electrons with photons) yields results that agree with experiment to an accuracy corresponding to an error of less than the width of a human hair in relation to the distance between Los Angeles and New York!

Considered in these terms, the quantum story is a tremendous tale of success, perhaps the greatest success story in the history of physical science. Yet a profound paradox remains. Despite the physicists' ability to do the calculations, they still do not understand the theory. Serious interpretative problems remain unresolved, and these are the subject of continuing dispute. These contentious issues concern two perplexities in particular: the significance of the probabilistic character of the theory, and the nature of the measurement process.

Probabilities

Probabilities also arise in classical physics, where their origin lies in ignorance of some of the detail of what is going on. The paradigm example is the tossing of a coin. No one doubts that Newtonian mechanics determines how it should land after being spun – there is no question of a direct intervention by Fortuna, the goddess of chance – but the motion is too sensitive to the precise and minute detail of the way the coin was tossed (details of which we are unaware) for us to be able to predict exactly what the outcome will be. We do know, however, that if the coin is fair, the odds are even, 1/2 for heads and 1/2 for tails. Similarly, for a true die the probability of any particular number ending face upwards is 1/6. If one asks for the probability of throwing either a 1 or a 2, one simply adds the separate probabilities together to give 1/3. This addition rule holds because the processes of throwing that lead to 1 or to 2 are distinct and independent of each other. Since they have no influence upon each other, one just adds the resulting odds together. It all seems pretty straightforward. Yet in the quantum world things are different.

Consider first what would be the classical equivalent of the quantum experiment with electrons and the double slits. An everyday analogue would be throwing tennis balls at a fence with two holes in it. There will be a certain probability for a ball to go through one hole and a certain probability for it to go through the other. If we are concerned with the chance that the ball lands on the other side of the fence, since it has to go through one hole or the other, we just add these two probabilities together (just as we did for the two faces of the die). In the quantum case, things are different because of the superposition principle permitting the electron to go through both slits. What classically were mutually distinct possibilities are entangled with each other quantum mechanically.

As a result, the laws for combining probabilities are different in quantum theory. If one has to sum over a number of unobserved intermediate possibilities, it is the *probability amplitudes* that have to be added together, and not the probabilities themselves. In the double slits experiment we must add the amplitude for (going through A) to the amplitude for (going through B). Recall that probabilities are calculated from amplitudes by a kind of squaring process. The effect of adding-before-squaring is to produce what a mathematician would call 'cross terms'. One can taste the flavour of this idea by considering the simple arithmetical equation

$$(2 + 3)^2 = 2^2 + 3^2 + 12$$

That 'extra' 12 is the cross term.

Perhaps that seems a little mysterious. The essential notion is as follows: In the everyday world, to get the probability of a final result you simply add together the probabilities of independent intermediate possibilities. In the quantum world, the combination of intermediate possibilities that are not directly observed takes place in a more subtle and sophisticated way. That is why the quantum calculation involves cross terms. Since the probability amplitudes are in fact complex numbers, these cross terms include phase effects, so that there can be either constructive or destructive interference, as happens in the double slits experiment.

Putting the matter in a nutshell, classical probabilities correspond to ignorance and they combine by simple addition. Quantum probabilities combine in an apparently more elusive and unpicturable way. There then arises the question: Would it, nevertheless, be possible to understand quantum probabilities as also having their origin in the physicist's ignorance of all the detail of what is going on, so that the underlying basic probabilities, corresponding to inaccessible but completely detailed knowledge of what was the case, would still add up classically?

Behind the query lies a wistful hankering on the part of some to restore determinism to physics, even if it were to prove a veiled kind of determinism. Consider, for example, the decay of a radioactive nucleus (one that is unstable and liable to break up). All that quantum theory can predict is the probability for this decay to occur. For instance, it can say that a particular nucleus has a probability of 1/2 of decaying in the next hour, but it cannot predict whether that specific nucleus will actually decay during that hour. Yet perhaps that nucleus has a little internal clock that specifies precisely when it will decay, but which we cannot read. If that were the case, and if other nuclei of the same kind had their own internal clocks whose different settings would cause them to decay at different times, then what we assigned as probabilities would arise simply from ignorance, our inability to gain access to the settings of those hidden internal clocks. Although the decays would seem random to us, they would, in fact, be completely determined by these unknowable details. In ultimate reality, quantum probability would then be no different from classical probability. Theories of this kind are called *hidden variable* interpretations of quantum mechanics. Are they in fact a possibility?

The celebrated mathematician John von Neumann believed that he had shown that the unusual properties of quantum probabilities implied that they could never be interpreted as the consequence of ignorance of hidden variables. In fact, there was an error in his argument that took years to detect. We shall see later that a deterministic interpretation of quantum theory is possible in which probabilities arise from ignorance of details. However, we shall also see that the theory that succeeds in this way has other properties that have made it seem unattractive to the majority of physicists.

Decoherence

One aspect of the problems we are considering in this chapter can be phrased in terms of asking how it can be that the quantum constituents of the physical world, such as quarks and gluons and electrons, whose behaviour is cloudy and fitful, can give rise to the macroscopic world of everyday experience, which seems so clear and reliable. An important step towards gaining some understanding of this transition has been made through a development that has taken place in the last 25 years. Physicists have come to realize that in many cases it is important to take into account, more seriously than they had done previously, the environment within which quantum processes are actually taking place.

Conventional thinking had regarded that environment as being empty, except for the quantum entities whose interactions were the subject of explicit consideration. In actual fact, this idealization does not always work, and where it does not work important consequences can flow from this fact. What had been neglected was the almost ubiquitous presence of radiation. Experiments take place in an enveloping sea of photons, some coming from the Sun and some coming from the universal cosmic background radiation that is a lingering echo from the time when the universe was about half a million years old and had just become cool enough for matter and radiation to decouple from their previous universal intermingling.

It turns out that the consequence of this virtually omnipresent background radiation is to affect the phases of the relevant probability amplitudes. Taking into account this so-called 'phase randomization' can, in certain cases, have the effect of almost entirely washing out the cross terms in quantum probability calculations. (Crudely speaking, it averages about as many pluses as minuses, giving a result near zero.) All this can occur with quite astonishing rapidity. The phenomenon is called 'decoherence'.

Decoherence has been hailed by some as providing the clue by which to understand how microscopic quantum phenomena and macroscopic classical phenomena are related to each other. Unfortunately this is only a half-truth. It can serve to make some quantum probabilities look more like classical probabilities, but it does not make them the same. There still remains the central perplexity of what is called 'the measurement problem'.

The measurement problem

In classical physics, measurement is unproblematic. It is simply the observation of what is the case. Beforehand we may be able to do no more than assign a probability of 1/2 that the coin will land heads, but if that is what we see that is simply because it is what has actually happened.

Measurement in conventional quantum theory is different because the superposition principle holds together alternative, and eventually mutually exclusive, possibilities right until the last moment, when suddenly one of them alone surfaces as the realized actuality on this occasion. We have seen that one way of thinking about this can be expressed in terms of the collapse of the wavepacket. The electron's probability was spread out over 'here', 'there', and 'everywhere', but when the physicist addresses to it the experimental question 'Where are you?' and on this particular occasion the answer 'here' turns up, then all the probability collapses onto this single actuality. The big question that has remained unanswered in our discussion so far is: How does this come about?

Measurements are a chain of correlated consequences by which a state of affairs in the microscopic quantum world produces a corresponding signal observable in the everyday world of laboratory measuring apparatus. We can clarify the point by considering a somewhat idealized, but not misleading, experiment that measures an electron's *spin*. The property of spin corresponds to electrons behaving as if they were tiny magnets. Because of an unpicturable quantum effect that the reader will simply have to be asked to take on trust, the electron's magnet can only point in two opposing directions, which we may conventionally call 'up' and 'down'.

The experiment is conducted with an initially unpolarized beam of electrons, that is to say, electrons in a state that is an even superposition of 'up' and 'down'. These electrons are made to pass through an inhomogeneous magnetic field. Because of the magnetic

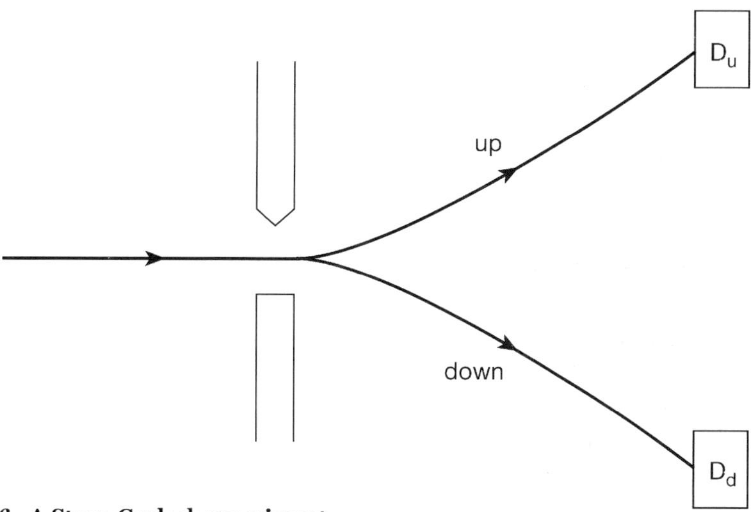

6. A Stern-Gerlach experiment

effect of their spin, they will be deflected either up or down according to the spin direction. They will then pass through one or other of two appropriately placed detectors, D_u or D_d (Geiger counters, perhaps), and then the experimenter will hear one or other of these detectors click, registering the passage of an electron in either the up or the down direction. This procedure is called a Stern-Gerlach experiment, after the two German physicists who first conducted an investigation of this kind. (In fact it was done with an atomic beam, but it was electrons in the atoms that controlled what was happening.) How should we analyse what is going on?

If the spin is up, the electron is deflected upwards, then it passes through D_u, the D_u clicks, and the experimenter hears $D_u$click. If the spin is down, the electron is deflected downwards, then it passes through D_d, the D_d clicks, and the experimenter hears this happen. One sees what is going on in this analysis. It presents us with a chain of correlated consequences: if . . . then . . . then . . . . But on an actual occasion of measurement, only one of these chains occurs. What makes this particular happening take place on this particular occasion? What settles that this time the answer shall be 'up' and not 'down'?

Decoherence does not answer this question for us. What it does do is to tighten the links in the separate chains, making them more classical-like, but it does not explain why a particular chain is the realized possibility on a particular occasion. The essence of the measurement problem is the search to understand the origin of this specificity. We shall survey the variety of responses that have been suggested, but we shall see that none of them is wholly satisfactory or free from perplexity. The proposals can be classified under a number of headings.

(1) Irrelevance

Some interpreters attempt to finesse the problem, claiming that it is irrelevant. One argument in favour of this stance is the positivist assertion that science is simply about correlating phenomena and that it should not aspire to understanding them. If we know how to do the quantum sums, and if the answers correlate highly satisfactorily with empirical experience, as they do, then that is all that we should wish for. It is simply inappropriately intellectually greedy to ask for more. A more refined form of positivism is represented by what is called 'the consistent histories' approach, which lays down prescriptions for obtaining sequences of quantum predictions that are readily interpretable as results coming from the use of classical measuring apparatus.

A different kind of argument, which also falls under the rubric of irrelevance, is the claim that quantum physics should not seek to speak about individual events at all, but its proper concern is with 'ensembles', that is to say the statistical properties of collections of events. If that were the case, a purely probabilistic account is all that one would be entitled to expect.

A third kind of argument in this general category asserts that the wavefunction is not about states of physical systems at all, but about states of the human knowledge of such systems. If one is simply thinking epistemologically, then 'collapse' is an unproblematic phenomenon: before I was ignorant; now I know. It seems very odd, however, that the representation of what is claimed to be all in the mind should actually satisfy a physical-looking equation like the Schrödinger equation.

All these arguments have a common feature. They take a minimalist view of the task of physics. In particular, they suppose that it is not concerned with gaining understanding of the detailed character of particular physical processes. This may be a view congenial to those of a certain kind of philosophical disposition, but it is abhorrent to the mind of the scientist, whose ambition is to gain the maximum attainable degree of understanding of what is happening in the physical world. To settle for less would be treason of the clerks.

(2) Large systems

The founding figures of quantum mechanics were, of course, aware of the problems that measurement posed for the theory. Niels Bohr, in particular, became very concerned with the issue. The answer that he propounded came to be known as the *Copenhagen interpretation*. The key idea was that a unique role was being played by classical measuring apparatus. Bohr held that it was the intervention of these large measuring devices that produced the determinating effect.

Even before the measurement issue surfaced, it had been necessary to have some way of seeing how one might recover from quantum theory the very considerable successes of classical mechanics in describing processes taking place on an everyday scale. It would be no use describing the microscopic at the expense of losing an understanding of the macroscopic. This requirement, called the *correspondence principle*, roughly amounted to being able to see that 'large' systems (the scale of largeness being set by Planck's constant) should behave in a way excellently approximated to by Newton's equations. Later, people came to realize that the relation between quantum mechanics and classical mechanics was a good deal subtler than this simple picture conveyed. Subsequently we shall see that there are some macroscopic phenomena that display certain intrinsically quantum properties, even including the possibility of technological exploitation, as in quantum computing. However, these arise in somewhat exceptional circumstances and the general drift of the correspondence principle was in the right direction.

Bohr emphasized that a measurement involved both the quantum entity and the classical measuring apparatus and he insisted that one should think of the mutual engagement of the two as being a single package deal (which he called a 'phenomenon'). Exactly where along the chain of correlated consequences leading from one end to the other the particularity of a specific result set in was then a question that could be avoided, as long as one kept the two ends of the chain inseparably connected together.

At first sight, there is something attractive about this proposal. If you go into a physics laboratory, you will find it littered with the kinds of apparatus of which Bohr spoke. Yet there is also something fishy about the proposal. Its account is dualistic in tone, as if the population of the physical world were made up of two different classes of being: fitful quantum entities and determinating classical measuring apparatus. In actual fact, however, there is a single, monistic physical world. Those bits of classical apparatus are themselves composed of quantum constituents (ultimately quarks, gluons, and electrons). The original Copenhagen interpretation failed to address the problem of how determinating apparatus could emerge from an indeterminate quantum substrate.

Nevertheless, it may be that Bohr and his friends were waving their hands in the right direction, even if not yet vigorously enough. Today, I think the majority of practising quantum physicists would subscribe to what one might call a neo-Copenhagen interpretation. On this view, the largeness and complexity of macroscopic apparatus is what somehow enables it to play the determinating role. How this happens is certainly not at all adequately understood, but at least one can correlate it with another (also not fully understood) property of large systems. This is their *irreversibility*.

With one exception that genuinely is not significant for the present discussion, the fundamental laws of physics are reversible. To see what this means, suppose, contrary to Heisenberg, that one could make a film of two electrons interacting. That film would make equal sense if it were run forwards or backwards. In other words, in the microworld, there is no intrinsic arrow of time, distinguishing the future from the past. In the macroworld, obviously, things are very different. Systems run down and the everyday world is irreversible. A film of a bouncing ball in which the bounces get higher and higher is being run backwards. These effects are related to the second law of thermodynamics, which states that, in an isolated system, entropy (the measure of disorder) never decreases. The reason this happens is that there are so many more ways of being disorderly than there are of being orderly, so that disarray wins hands down. Just think of your desk, if you do not intervene from time to time to tidy it up.

Now, measurement is the irreversible registration of a macroscopic signal of the state of affairs in the microworld. Therefore it incorporates an intrinsic direction of time: before there was no result, afterwards there is one. Thus there is some plausibility in supposing that an adequate understanding of large and complex systems that fully explained their irreversibility might also afford a valuable clue to the nature of the role they play in quantum measurement. In the current state of knowledge, however, this remains a pious aspiration rather than an actual achievement.

(3) New physics

Some have considered that solving the measurement problem will call for more radical thinking than simply pushing further principles that are already familiar to science. Ghirardi, Rimmer, and Weber have made a particularly interesting suggestion along these innovative lines (which has come to be known as the GRW theory). They propose that there is a universal property of random wavefunction collapse in space, but that the rate at which this happens depends on the amount of matter present. For quantum entities on their own, this rate is too tiny to have any noticeable effect, but in the presence of macroscopic quantities of matter (for instance, in a piece of classical measuring apparatus) it becomes so rapid as to be practically instantaneous.

This is a suggestion that, in principle, would be open to investigation through delicate experiments aimed at detecting other manifestations of this propensity to collapse. In the absence of such empirical confirmation, however, most physicists regard the GRW theory as too *ad hoc* to be persuasive.

(4) Consciousness

In the analysis of the Stern-Gerlach experiment, the last link in the correlated chain was a human observer hearing the counter click. Every quantum measurement of whose outcome we have actual knowledge has had as its final step someone's conscious awareness of the result. Consciousness is the ill-understood but undeniable (except by certain philosophers) experience of the interface between the material and the mental. The effects of drugs or brain damage make it clear that the material can act upon the mental. Why should we not expect a reciprocal power of the mental to act upon the material? Something like this seems to happen when we execute the willed intention of raising an arm. Perhaps, then, it is the intervention of a conscious observer that determines the outcome of a measurement. At first sight, the proposal has some attraction, and a number of very distinguished physicists have espoused this point of view. Nevertheless, it also has some very severe difficulties.

At most times and in most places, the universe has been devoid of consciousness. Are we to suppose that throughout these vast tracts of cosmic space and time, no quantum process resulted in a determinate consequence? Suppose one were to set up a computerized experiment in which the result was printed out on a piece of paper, which was then automatically stored away without any observer looking at it until six months later. Would it be the case that only at that subsequent time would there come to be a definite imprint on the paper?

These conclusions are not absolutely impossible, but many scientists do not find them at all plausible. The difficulties intensify further if we consider the sad story of Schrödinger's cat. The unfortunate animal is immured in a box that also contains a radioactive source with a 50–50 chance of decaying within the next hour. If the decay takes place, the emitted radiation will trigger the release of poison gas that will instantly kill the cat. Applying the conventional principles of quantum theory to the box and its contents leads to the implication that at the end of the hour, before a conscious observer lifts the lid of the box, the cat is in an even-handed superposition of 'alive' and 'dead'. Only after the box is opened will there be a collapse of possibilities, resulting in the discovery of either a definitely cooling corpse or a definitely frisking feline. But surely the animal knows whether or not it is alive, without requiring human intervention to help it to that conclusion? Perhaps we should conclude, therefore, that cat consciousness is as effective at determinating quantum outcomes as is human consciousness. Where then do we stop? Can worms also collapse the wavefunction? They may not exactly be conscious, but one would tend to suppose that in some way or another they have the definite property of being either alive or dead. These kinds of difficulties have prevented most physicists from believing that hypothesizing a unique role for consciousness is the way to solve the measurement problem.

(5) Many worlds

A yet more daring proposal rejects the idea of collapse altogether. Its proponents assert that the quantum formalism should be taken with greater seriousness than to impose upon it from outside the entirely *ad hoc* hypothesis of discontinuous change in the wavefunction. Instead one should acknowledge that everything that can happen *does* happen.

Why then do experimenters have the contrary impression, finding that on this occasion the electron is 'here' and nowhere else? The answer given is that this is the narrowly parochial view of an observer in this universe, but quantum reality is much greater than so constrained a picture suggests. Not only is there a world in which Schrödinger's cat lives, but there is also a parallel but disconnected world in which Schrödinger's cat dies. In other words, at every act of measurement, physical reality divides into a multiplicity of separate universes, in each of which different (cloned) experimenters observe the different possible outcomes of the measurement. Reality is a multiverse rather than a simple universe.

Since quantum measurements are happening all the time, this is a proposal of astonishing ontological prodigality. Poor William of Occam (whose logical 'razor' is supposed to cut out unnecessarily prodigal assumptions) must be turning in his grave at the thought of such a multiplication of entities. A different way of conceiving of this unimaginably immense proliferation is to locate it as happening not externally to the cosmos but internally to the mind/brain states of observers. Making that move is a turn from a many-worlds interpretation to a many-minds interpretation, but this scarcely serves to mitigate the prodigality of the proposal.

At first, the only physicists attracted to this way of thinking were the quantum cosmologists, seeking to apply quantum theory to the universe itself. While we remain perplexed about how the microscopic and the macroscopic relate to each other, this extension in the direction of the cosmic is a bold move whose feasibility is not necessarily obvious. If it is to be made, however, the many-worlds approach may seem the only option to use, for when the cosmos is involved there is no room left over for scientific appeal to the effects of external large systems or of consciousness. Latterly, there seems to have been a degree of widening inclination among other physicists to embrace the many-worlds approach, but for many of us it still remains a metaphysical steam hammer brought in to crack an admittedly tough quantum nut.

(6) Determinism

In 1954, David Bohm published an account of quantum theory that was fully deterministic, but which gave exactly the same experimental predictions as those of conventional quantum mechanics. In this theory, probabilities arise simply from ignorance of certain details. This remarkable discovery led John Bell to re-examine von Neumann's argument stating that this was impossible and to exhibit the flawed assumption on which this erroneous conclusion had been based.

Bohm achieved this impressive feat by divorcing wave and particle, which Copenhagen thinking had wedded in indissoluble complementarity. In the Bohm theory there are particles that are as unproblematically classical as even Isaac Newton himself would have wished them to be. When their positions or momenta are measured, it is simply a matter of observing what is unambiguously the case. In addition to the particles, however, there is a completely separate wave, whose form at any instant encapsulates information about the whole environment. This wave is not directly discernible but it has empirical consequences, for it influences the motion of the particles in a way that is additional to the effects of the conventional forces that may also act on them. It is this influence of the hidden wave (sometimes referred to as the 'guiding wave' or the source of the 'quantum potential') that sensitively affects the particles and succeeds in producing the appearance of interference effects and the characteristic probabilities associated with them. These guiding wave effects are strictly deterministic. Although the consequences are tightly predictable, they depend very delicately on the fine detail of the actual positions of the particles, and it is this sensitivity to minute variations that produces the appearance of randomness. Thus it is the particle positions that act as the hidden variables in Bohmian theory.

To understand Bohm's theory further, it is instructive to enquire how it deals with the double slits experiment. Because of the picturable nature of the particles, in this theory the electron must definitely go through one of the slits. What, then, was wrong with our earlier argument that this could not be so? What makes it possible to circumvent that earlier conclusion is the effect of the hidden wave. Without its independent existence and influence, it would indeed be true that if the electron went through slit A, slit B was irrelevant and could have been either open or shut. But Bohm's wave encapsulates instantaneous information about the total environment, and so its form is different if B is shut to what it is when B is open. This difference produces important consequences for the way in which the wave guides the particles. If B is shut, most of them are directed to the spot opposite A; if B is open, most of them are directed towards the midpoint of the detector screen.

One might have supposed that a determinate and picturable version of quantum theory would have a great attraction for physicists. In actual fact, few of them have taken to Bohmian ideas. The theory is certainly instructive and clever, but many feel that it is too clever by half. There is an air of contrivance about it that makes it unappealing. For example, the hidden wave has to satisfy a wave equation. Where does this equation come from? The frank answer is out of the air or, more accurately, out of the mind of Schrödinger. To get the right results, Bohm's wave equation must be the Schrödinger equation, but this does not follow from any internal logic of the theory and it is simply an *ad hoc* strategy designed to produce empirically acceptable answers.

There are also certain technical difficulties that make the theory seem less than totally satisfactory. One of the most challenging of these relates to probabilistic properties. I have to admit that, for simplicity, I have so far not quite stated these correctly. What is exactly true is that if the *initial* probabilities relating to the particle dispositions coincide with those that conventional quantum theory would prescribe, then that coincidence between the two theories will be maintained for all the subsequent motion. However, you must start off right. In other words, the empirical success of Bohm's theory requires either that the universe happened to start up with the right (quantum) probabilities built in initially or, if it did not, then some process of convergence quickly drove it in that direction. This latter possibility is not inconceivable (a physicist would call it 'relaxation' onto the quantum probabilities), but it has not been demonstrated nor has its timescale been reliably estimated.

The measurement problem continues to cause us anxiety as we contemplate the bewildering range of, at best, only partially persuasive proposals that have been made for its solution. Options resorted to have included disregard (irrelevance); known physics (decoherence); hoped-for physics (large systems); unknown new physics (GRW); hidden new physics (Bohm); metaphysical conjecture (consciousness; many worlds). It is a tangled tale and one that it is embarrassing for a physicist to tell, given the central role that measurement has in physical thinking. To be frank, we do not have as tight an intellectual grasp of quantum theory as we would like to have. We can do the sums and, in that sense, explain the phenomena, but we do not really *understand* what is going on. For Bohr, quantum mechanics is indeterminate; for Bohm, quantum mechanics is determinate. For Bohr, Heisenberg's uncertainty principle is an ontological principle of indeterminacy; for Bohm, Heisenberg's uncertainty principle is an epistemological principle of ignorance. We shall return to some of these metaphysical and interpretative questions in the final chapter. Meanwhile, a further speculative question awaits us.

Are there preferred states?

In the 19th century, mathematicians such as Sir William Rowan Hamilton developed very general understandings of the nature of Newtonian dynamical systems. A feature of the results of these researches was to establish that there are a great many equivalent ways in which the discussion might be formulated. It is often convenient for purposes of physical thinking to give a preferred role to picturing processes explicitly as occurring in space, but this is by no means a fundamental necessity. When Dirac developed the general principles of quantum theory, this democratic equality between different points of view was maintained in the new dynamics that resulted. All observables, and their corresponding eigenstates, had equal status as far as fundamental theory was concerned. The physicists express this conviction by saying that there is no 'preferred basis' (a special set of states, corresponding to a special set of observables, that are of unique significance).

Wrestling with the measurement problem has raised in the minds of some the question whether this no-preference principle should be maintained. Among the variety of proposals on the table, there is the feature that most of them seem to assign a special role to certain states, either as the end states of collapse or as the states which afford the perspectival illusion of collapse: in a (neo-)Copenhagen discussion centring on measuring apparatus, spatial position appears to play a special role as one speaks of pointers on scales or marks on photographic plates; similarly in the many-worlds interpretation, it is these same states that are the basis of division between the parallel worlds; in the consciousness interpretation, it is presumably the brain states that correspond to these perceptions that are the preferred basis of the matter/mind interface; the GRW proposal postulates collapse onto states of spatial position; Bohm's theory assigns a special role to the particle positions, minute details of which are the effective hidden variables of the theory. We should also note that decoherence is a phenomenon that occurs in space. If these are in fact indications of the need to revise previous democratic thinking, quantum mechanics would prove to have yet further revisionary influence to bring to bear on physics.

Chapter 4
Further developments

The hectic period of fundamental quantum discovery in the mid-1920s was followed by a long developmental period in which the implications of the new theory were explored and exploited. We must now take note of some of the insights provided by these further developments.

Tunnelling

Uncertainty relations of the Heisenberg type do not only apply to positions and momenta. They also apply to time and energy. Although energy is, broadly speaking, a conserved quantity in quantum theory – just as it is in classical theory – this is only so up to the point of the relevant uncertainty. In other words, there is the possibility in quantum mechanics of 'borrowing' some extra energy, provided it is paid back with appropriate promptness. This somewhat picturesque form of argument (which can be made more precise, and more convincing, by detailed calculations) enables some things to happen quantum mechanically that would be energetically forbidden in classical physics. The earliest example of a process of this kind to be recognized related to the possibility of tunnelling through a potential barrier.

The prototypical situation is sketched in figure 7, where the square 'hill' represents a region, entry into which requires the

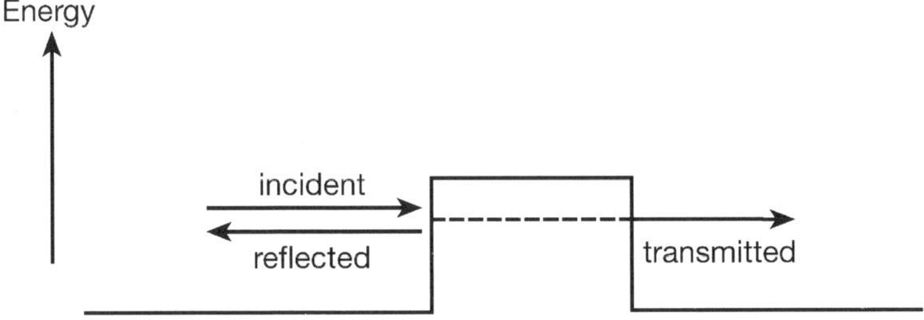

7. Tunnelling

payment of an energy tariff (called potential energy) equal to the height of the hill. A moving particle will carry with it the energy of its motion, which the physicists call kinetic energy. In classical physics the situation is clear-cut. A particle whose kinetic energy is greater than the potential energy tariff will sail across, traversing the barrier at appropriately reduced speed (just as a car slows down as it surmounts a hill), but then speeding up again on the other side as its full kinetic energy is restored. If the kinetic energy is less than the potential barrier, the particle cannot get across the 'hill' and it must simply bounce back.

Quantum mechanically, the situation is different because of the peculiar possibility of borrowing energy against time. This can enable a particle whose kinetic energy is classically insufficient to surmount the hill nevertheless sometimes to get across the barrier provided it reaches the other side quickly enough to pay back energy within the necessary time limit. It is as if the particle had tunnelled through the hill. Replacing such picturesque story-telling by precise calculations leads to the conclusion that a particle whose kinetic energy is not too far below the height of the barrier will have a certain probability of getting across and a certain probability of bouncing back.

There are radioactive nuclei that behave as if they contain certain constituents, called α-particles, that are trapped within the nucleus by a potential barrier generated by the nuclear forces. These particles, if they could only get through this barrier, would have enough energy to escape altogether on the other side. Nuclei of this type do, in fact, exhibit the phenomenon of α-decay and it was an early triumph of the application of quantum ideas at the nuclear level to use tunnelling calculations to give a quantitative account of the properties of such α-emissions.

Statistics

In classical physics, identical particles (two of a kind, such as two electrons) are nevertheless distinguishable from each other. If initially we label them 1 and 2, these marks of discrimination will have an abiding significance as we track along the separate particle trajectories. If the electrons eventually emerge after a complicated series of interactions, we can still, in principle, say which is 1 and which is 2. In the fuzzily unpicturable quantum world, in contrast, this is no longer the case. Because there are no continuously observable trajectories, all we can say after interaction is that *an* electron emerged here and *an* electron emerged there. Any initially chosen labelling cannot be followed through. In quantum theory, identical particles are also indistinguishable particles.

Since labels can have no intrinsic significance, the particular order in which they appear in the wavefunction (ψ) must be irrelevant. For identical particles, the (1,2) state must be physically the same as the (2,1) state. This does not mean that the wavefunction is strictly unchanged by the interchange, for it turns out that the same physical results would be obtained either from ψ or from $-\psi$ **[11]**. This little argument leads to a big conclusion. The result concerns what is called 'statistics', the behaviour of collections of identical particles. Quantum mechanically there are two possibilities (corresponding to the two possible signs of the behaviour of ψ under interchange):

bose statistics, holding in the case that ψ is unchanged under interchange. That is to say, the wavefunction is symmetric under exchange of two particles. Particles that have this property are called bosons.

fermi statistics, holding in the case that ψ changes sign under interchange. That is to say, the wavefunction is antisymmetric under exchange of two particles. Particles that have this property are called fermions.

Both options give behaviours that are different from the statistics of classically distinguishable particles. It turns out that quantum statistics leads to consequences that are of importance both for a fundamental understanding of the properties of matter and also for the technological construction of novel devices. (It is said that 30% of the United States GDP is derived from quantum-based industries: semiconductors, lasers, etc.)

Electrons are fermions. This implies that two of them can never be found in exactly the same state. This fact follows from arguing that interchange would produce both no change (since the two states are the same) and also a change of sign (because of fermi statistics). The only way out of this dilemma is to conclude that the two-particle wavefunction is actually zero. (Another way of stating the same argument is to point out that you cannot make an antisymmetric combination of two identical entities.) This result is called the *exclusion principle* and it provides the basis for understanding the chemical periodic table, with its recurring properties of related elements. In fact, the exclusion principle lies at the basis of the possibility of a chemistry sufficiently complex ultimately to sustain the development of life itself.

The chemical story goes like this: in an atom there are only certain energy states available for electrons and, of course, the exclusion principle requires that there should be no more than one electron occupying any one of them. The stable lowest energy state of the atom corresponds to filling up the least energetic states available. These states may be what the physicists call 'degenerate', meaning that there are several different states, all of which happen to have the same energy. A set of degenerate states constitutes an energy level. We can mentally picture the lowest energy state of the atom as being made up by adding electrons one by one to successive energy levels, up to the required number of electrons in the atom. Once all the states of a particular energy level are full, a further electron will have to go into the next highest energy level possessed by the atom. If that level in turn gets filled up, then on to the next level, and so on. In an atom with many electrons, the lowest energy levels (they are also called 'shells'), will all be full, with any electrons left over partially occupying the next shell. These 'left-over' electrons are the ones farthest from the nucleus and because of this they will determine the chemical interactions of the atom with other atoms. As one moves up the scale of atomic complexity (traversing the periodic table), the number of left-over electrons (0, 1, 2, . . .) varies cyclically, as shell after shell gets filled, and it is this repeating pattern of outermost electrons that produces the chemical repetitions of the periodic table.

In contrast to electrons, photons are bosons. It turns out that the behaviour of bosons is the exact opposite of the behaviour of fermions. No exclusion principle for them! Bosons like to be in the same state. They are similar to Southern Europeans, cheerfully crowding together in the same railway carriage, while fermions are like Northern Europeans, spread singly throughout the whole train. This mateyness of bosons is a phenomenon that in its most extreme form leads to a degree of concentration in a single state that is called bose condensation. It is this property that lies behind the technological device of the laser. The power of laser light is due to its being what is called 'coherent', that is to say, the light consists of many photons that are all in precisely the same state, a property that bose statistics strongly encourages. There are also effects associated with superconductivity (the vanishing of electrical resistance at very low temperatures) that depend on bose condensation, leading to macroscopically observable consequences of quantum properties. (The low temperature is required to prevent thermal jostling destroying coherence.)

Electrons and photons are also particles with spin. That is to say, they carry an intrinsic amount of angular momentum (a measure of rotational effects), almost as if they were little spinning tops. In the units that are natural to quantum theory (defined by Planck's constant), the electron has spin 1/2 and the photon has spin 1. It turns out that this fact exemplifies a general rule: particles of integer spin (0, 1, . . .) are always bosons; particles of half-odd integer spin (1/2, 3/2, . . .) are always fermions. From the point of view of ordinary quantum theory, this *spin and statistics theorem* is just an unexplained rule of thumb. However, it was discovered by Wolfgang Pauli (who also formulated the exclusion principle) that when quantum theory and special relativity are combined, the theorem emerges as a necessary consequence of that combination. Putting the two theories together yields richer insight than either provides on its own. The whole proves to be more than the sum of its parts.

Band structure

The form of solid matter that is simplest to think about is a crystal, in which the constituent atoms are ordered in the pattern of a regular array. A macroscopic crystal, significant on the scale of everyday experience, will contain so many atoms that it can be treated as effectively infinitely big from the microscopic point of view of quantum theory. Applying quantum mechanical principles to systems of this kind reveals new properties, intermediate between those of individual atoms and those of freely moving particles. We have seen that in an atom, possible electron energies come in a discrete series of distinct levels. On the other hand, a freely moving electron can have any positive energy whatsoever, corresponding to the kinetic energy of its actual motion. The energetic properties of electrons in crystals are a kind of compromise between these two extremes. The possible values of

forbidden
allowed
forbidden
allowed
electrons
insulator
conductor

8. Band structure

energy are found to lie within a series of bands. Within a band, there is a continuous range of possibilities; between bands, no energy levels at all are available to the electrons. In summary, the energetic properties of electrons in a crystal correspond to a series of alternating allowed and forbidden ranges of values.

The existence of this band structure provides the basis for understanding the electrical properties of crystalline solids. Electric currents result from inducing the movement of electrons within the solid. If the highest energy band of a crystal is totally full, this change of electron state will require exciting electrons across the gap into the band above. The transition would demand a significant energy input per excited electron. Since this is very hard to effect, a crystal with totally filled bands will behave as an insulator. It will be very difficult to induce motion in its electrons. If, however, a crystal has its highest band only partially filled, excitation will be easy, for it will only require a small energy input to move an electron into an available state of slightly higher energy. Such a crystal will behave as an electrical conductor.

Delayed choice experiments

Additional insight into the strange implications of the superposition principle was provided by John Archibald Wheeler's discussion of what he called 'delayed choice experiments'. A possible arrangement is shown in figure 9. A narrow beam of light is

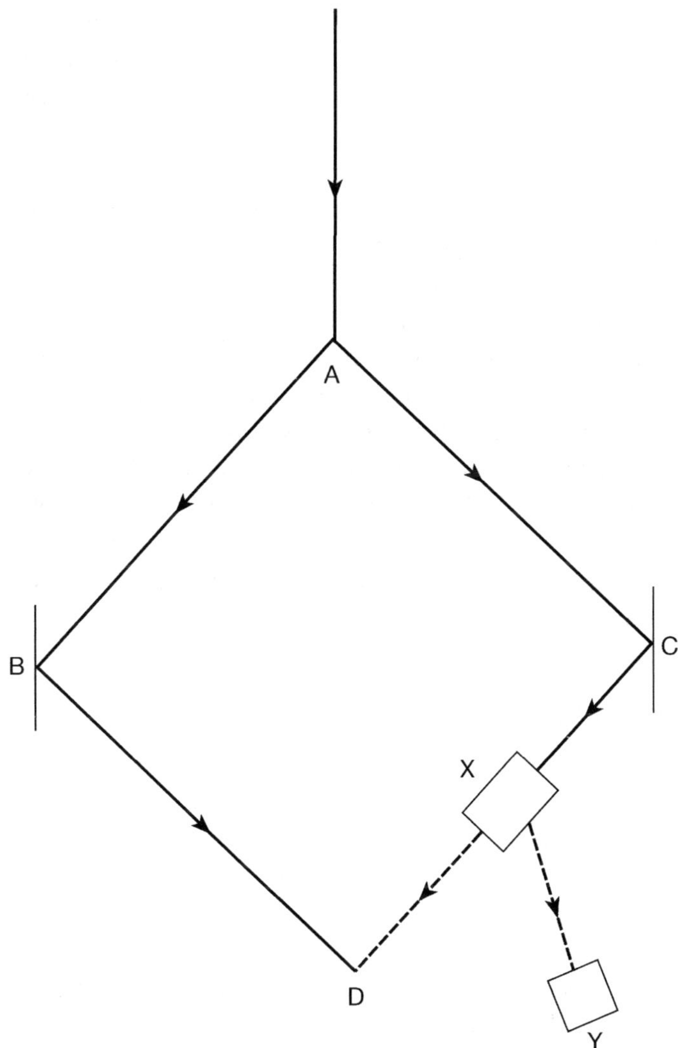

9. A delayed choice experiment

split at A into two sub-beams which are reflected by the mirrors at B and C to bring them together again at D, where an interference pattern can form due to the phase difference between the two paths (the waves have got out of step). One may consider an initial beam so weak that at any one time only a single photon is traversing the apparatus. The interference effects at D are then to be understood as due to self-interference between the two superposed states: (left-hand path) and (right-hand path). (Compare with the discussion of the double slit experiment in Chapter 2.) The new feature that Wheeler discussed arises if the apparatus is modified by inserting a device X between C and D. X is a switch that either lets a photon through or diverts it into a detector Y. If the switch is set for transmission, the experiment is the same as before, with an interference pattern at D. If the switch is set for deflection and the detector Y registers a photon, then there can be no interference pattern at D because that photon must definitely have taken the right-hand path for it to be deflected by Y. Wheeler pointed out the strange fact that the setting of X could be chosen while the photon is in flight *after* A. Until the switch setting is selected, the photon is, in some sense, backing two options: that of following both left- and right-hand paths and also that of following only one of them. Clever experiments have actually been conducted along these lines.

Sums over histories

Richard Feynman discovered an idiosyncratic way of reformulating quantum theory. This reformulation yields the same predictions as the conventional approach but offers a very different pictorial way of thinking about how these results arise.

Classical physics presents us with clear trajectories, unique paths of motion connecting the starting point A to the end point B. Conventionally these are calculated by solving the celebrated equations of Newtonian mechanics. In the 18th century, it was discovered that the actual path followed could be prescribed in a different, but equivalent, way by describing it as that trajectory joining A to B that gave the minimum value for a particular dynamical quantity associated with different paths. This quantity is called 'action' and its precise definition need not concern us here. The principle of least action (as it naturally came to be known) is akin to the property of light rays, that they take the path of minimal time between two points. (If there is no refraction, that path is a straight line, but in a refracting medium the least time principle leads to the familiar bending of the rays, as when a stick in a glass of water appears bent.)

Because of the cloudy unpicturability of quantum processes, quantum particles do not have definite trajectories. Feynman suggested that, instead, one should picture a quantum particle as moving from A to B *along all possible paths*, direct or wriggly, fast or slow. From this point of view, the wavefunction of conventional thinking arose from adding together contributions from all these possibilities, giving rise to the description of 'sums over histories'.

The details of how the terms in this immense sum are to be formed are too technical to be gone into here. It turns out that the contribution from a given path is related to the action associated with that path, divided by Planck's constant. (The physical dimensions of action and of h are the same, so their ratio is a pure number, independent of the units in which we choose to measure physical quantities.) The actual form taken by these contributions from different paths is such that neighbouring paths tend to cancel each other out, due to rapid fluctuations in the signs (more accurately, phases) of their contributions. If the system being considered is one whose action is large with respect to h, only the path of minimal action will contribute much (since it turns out that it is near that path that the fluctuations are the least and so the effect of cancellations is minimized). This observation provides a simple way of understanding why large systems behave classically, following paths of least action.

Formulating these ideas in a precise and calculable way is not at all easy. One may readily imagine that the range of variation represented by the multiplicity of possible paths is not a simple aggregate over which to sum. Nevertheless, the sums over histories approach has had two important consequences. One is that it led Feynman on to discover a much more manageable calculational technique, now universally called 'Feynman integrals', which is the most useful approach to quantum calculations made available to physicists in the last 50 years. It yields a physical picture in which interactions are due to the exchange of energy and momentum carried across by what are called *virtual particles*. The adjective 'virtual' is used because these intermediate 'particles', which cannot appear in the initial or final states of the process, are not constrained to have physical masses, but rather one sums over all possible mass values.

The other advantage of the sums over histories approach is that there are some rather subtle and tricky quantum systems for which it offers a clearer way of formulating the problem than that given by the more conventional approach.

More about decoherence

The environmental effects of ubiquitous radiation that produce decoherence have a significance that goes beyond their partial relevance to the measurement problem. One important recent development has been the realization that they also bear on how one should think about the quantum mechanics of so-called chaotic systems.

The intrinsic unpredictabilities that are present in nature do not arise solely from quantum processes. It was a great surprise to most physicists when, some 40 years ago, the realization dawned that even in Newtonian physics there are many systems whose extreme sensitivity to the effects of very small disturbances makes their future behaviour beyond our power to predict accurately. These chaotic systems (as they are called) soon come to be sensitive to detail at the level of Heisenberg uncertainty or below. Yet their treatment from a quantum point of view – a subject called *quantum chaology* – proves to be problematic.

The reason for perplexity is as follows: chaotic systems have a behaviour whose geometrical character corresponds to the celebrated fractals (of which the Mandelbrot set, the subject of a hundred psychedelic posters, is the best-known example). Fractals are what is called 'self-similar', that is to say, they look essentially the same on whatever scale they are examined (saw-teeth made out of saw-teeth, . . . , all the way down). Fractals, therefore, have no natural scale. Quantum systems, on the other hand, do have a natural scale, set by Planck's constant. Therefore chaos theory and quantum theory do not fit smoothly onto each other.

The resulting mismatch leads to what is called 'the quantum suppression of chaos': chaotic systems have their behaviour modified when it comes to depend on detail at the quantum level. This in turn leads to another problem for the physicists, arising in its most acute form from considering the 16th moon of Saturn, called Hyperion. This potato-shaped lump of rock, about the size of New York, is tumbling about in a chaotic fashion. If we apply notions of quantum suppression to Hyperion, the result is expected to be astonishingly effective, despite the moon's considerable size. In fact, on the basis of this calculation, chaotic motion could only last at most for about 37 years. In actual fact, astronomers have been observing Hyperion for rather less time than that, but no one expects that its weird tumbling is going to come to an end quite soon. At first sight, we are faced with a serious problem. However, taking decoherence into account solves it for us. Decoherence's tendency to move things in a more classical-seeming direction has the effect, in its turn, of suppressing the quantum suppression of chaos. We can confidently expect Hyperion to continue tumbling for a very long time yet.

Another effect of a rather similar kind due to decoherence is the *quantum Zeno effect*. A radioactive nucleus due to decay will be forced back to its initial state by the 'mini-observations' that result from its interaction with environmental photons. This continual return to square one has the effect of inhibiting the decay, a phenomenon that has been observed experimentally. This effect is named after the ancient Greek philosopher Zeno, whose meditation on observing an arrow to be *now* at a particular fixed point persuaded him that the arrow could not really be moving.

These phenomena make it clear that the relationship between quantum theory and its classical limit is subtle, involving the interlacing of effects that cannot be characterized just by a simplistic division into 'large' and 'small'.

Relativistic quantum theory

Our discussion of the spin and statistics theorem has already shown that putting quantum theory and special relativity together produces a unified theory of enriched content. The first successful equation that succeeded in consistently formulating the combination of the two was the relativistic equation of the electron, discovered by Paul Dirac in 1928 [**12**]. Its mathematical detail is too technical to be presented in a book of this kind, but we must note two important and unanticipated consequences that flowed from this development.

Dirac produced his equation simply with the needs of quantum theory and of relativistic invariance in mind. It must have been a gratifying surprise, therefore, when he found that the equation's predictions of the electromagnetic properties of the electron were such that it turned out that the electron's magnetic interactions were twice as strong as one would have naively expected them to be on the basis of thinking of the electron as being a miniature, electrically charged, spinning top. It was already known empirically that this was the case, but no one had been able to understand why this apparently anomalous behaviour should be so.

The second, even more significant, consequence resulted from Dirac's brilliantly turning threatened defeat into triumphant victory. As it stood, the equation had a gross defect. It allowed positive energy states of the kind one needed to correspond to the behaviour of actual electrons, but it allowed negative energy states as well. The latter just did not make physical sense. Yet they could not simply be discarded, for the principles of quantum mechanics would inevitably allow the disastrous consequence of transitions to them from the physically acceptable positive energy states. (This would be a physical disaster because transitions to such states could produce unlimited quantities of counterbalancing positive energy, resulting in a kind of runaway perpetual motion machine.) For quite a while this was a highly embarrassing puzzle. Then Dirac realized that the fermi statistics of electrons might permit a way out of the dilemma. With great boldness, he supposed that all the negative energy states were already occupied. The exclusion principle would then block the possibility of any transitions to them from the positive energy states. What people had thought of as empty space (the vacuum) was in fact filled with this 'sea' of negative-energy electrons!

It sounds rather an odd picture and later, in fact, it proved possible to formulate the theory in a way that preserved the desirable results in a manner less picturesque but also less weird. In the meantime, working with the concept of the negative-energy sea led Dirac to a discovery of prime importance. If enough energy were to be provided, say by a very energetic photon, it would be possible to eject a negative-energy electron from the sea, turning it into a positive-energy electron of the ordinary kind. What then was one to make of the 'hole' that this process had left behind in the negative sea? The absence of negative energy is the same as the presence of positive energy (two minuses make a plus), so the hole would behave like a positive-energy particle. But the absence of negative charge is the same as the presence of positive charge, so this 'hole-particle' would be positively charged, in contrast to the negatively charged electron.

In the 1930s, the thinking of elementary particle physicists was pretty conservative compared to the speculative freedom that was to come later. They did not at all like the idea of suggesting the existence of some new, hitherto unknown type of particle. Initially, therefore, it was supposed that this positive particle that Dirac had come to talk about might simply be the well-known, positively charged proton. However, it was soon realized that the hole had to have the same mass as the electron, while the proton is very much more massive. Thus the only acceptable interpretation on offer led to the somewhat reluctant prediction of a totally new particle, quickly christened the positron, of electronic mass but positive charge. Soon its existence was experimentally confirmed as positrons were detected in cosmic rays. (In fact, examples had been seen much earlier, but they had not been recognized as such. Experimenters find it hard to see what they are not actually looking for.)

It came to be realized that this electron-positron twinning was a particular example of behaviour widespread in nature. There is both matter (such as electrons) and oppositely charged *antimatter* (such as positrons). The prefix 'anti' is appropriate because an electron and a positron can annihilate each other, disappearing in a burst of energy. (In the old-fashioned manner of speaking, the electron fills up the hole in the sea and the energy released is then radiated away. Conversely, as we have seen, a highly energetic photon can drive an electron out of the sea, leaving a hole behind and thereby creating an electron-positron pair.)

The fruitful history of the Dirac equation, leading both to an explanation of magnetic properties and to the discovery of antimatter, topics that played no part at all in the original motivation for the equation, is an outstanding example of the long-term value that can be displayed by a really fundamental scientific idea. It is this remarkable fertility that persuades physicists that they are really 'on to something' and that, contrary to the suggestions of some philosophers and sociologists of science, they are not just tacitly agreeing to look at things in a particular way. Rather, they are making discoveries about what the physical world is actually like.

Quantum field theory

Another fundamental discovery was made by Dirac when he applied the principles of quantum mechanics not to particles but to the electromagnetic field. This development yielded the first-known example of a quantum field theory. With hindsight, to make this step is not too difficult technically. The principal difference between a particle and a field is that the former has only a finite number of degrees of freedom (independent ways in which its state can change), while a field has an infinite number of degrees of freedom. There are well-known mathematical techniques for handling this difference.

Quantum field theories prove to be of considerable interest and afford us a most illuminating way of thinking about wave/particle duality. A field is an entity spread out in space and time. It is, therefore, an entity that has an intrinsically wavelike character. Applying quantum theory to the field results in its physical quantities (such as energy and momentum) becoming present in discrete, countable packets (quanta). But such countability is just what we associate with particlelike behaviour. In studying a quantum field, therefore, we are investigating and understanding an entity that explicitly exhibits both wavelike and particlelike properties in as clear a manner as possible. It is a bit like puzzling over how a mammal could come to lay an egg and then being shown a duck-billed platypus. An actual example is always maximally instructive. It turns out that in quantum field theory the states that show wavelike properties (technically, have definite phases) are those that contain an *indefinite* number of particles. This latter property is a natural possibility because of quantum theory's superposition principle that allows the combination of states with different numbers of particles in them. It would be an impossible option in classical theory, where one could just look and see in order to count the number of particles actually present.

The vacuum in quantum field theory has unusual properties that are particularly important. The vacuum is, of course, the lowest energy state, in which there will be no excitations present that correspond to particles. Yet, though in this sense there is nothing there, in quantum field theory it does not mean that there is nothing going on. The reason is as follows: a standard mathematical technique, called Fourier analysis, allows us to regard a field as equivalent to an infinite collection of harmonic oscillators. Each oscillator has a particular frequency associated with it and the oscillator behaves dynamically just as if it were a pendulum of that given frequency. The field vacuum is the state in which all these 'pendula' are in their lowest energy states. For a classical pendulum, that is when the bob is at rest and at the bottom. This is truly a situation in which nothing is happening. However, quantum mechanics does not permit so perfect a degree of tranquillity. Heisenberg will not allow the 'bob' to have both a definite position (at the bottom) and a definite momentum (at rest). Instead the quantum pendulum must be slightly in motion even in its lowest energy state (near the bottom and nearly at rest, but not quite). The resultant quantum quivering is called *zero-point motion*. Applying these ideas many times over to the infinite array of oscillators that is a quantum field implies that its vacuum is a humming hive of activity. Fluctuations continually take place, in the course of which transient 'particles' appear and disappear. A quantum vacuum is more like a plenum than like empty space.

When the physicists came to apply quantum field theory to situations involving interactions between fields, they ran into difficulties. The infinite number of degrees of freedom tended to produce infinite answers for what should have been finite physical quantities. One important way in which this happened was through interaction with the restlessly fluctuating vacuum. Eventually a way was found for producing sense out of nonsense. Certain kinds of field theories (called *renormalizable* theories) produce only limited kinds of infinities, simply associated with the masses of particles and with the strengths of their interactions. Just striking out these infinite terms and replacing them with the finite measured values of the relevant physical quantities is a procedure that defines meaningful results, even if the procedure is not exactly mathematically pure. It also turns out to provide finite expressions that are in stunning agreement with experiment. Most physicists are happy with this pragmatic success. Dirac himself was never so. He strongly disapproved of dubious legerdemain with formally infinite quantities.

Today, all theories of elementary particles (such as the quark theory of matter) are quantum field theories. Particles are thought of as energetic excitations of the underlying field. (An appropriate field theory also turns out to provide the right way to deal with the difficulties of the 'sea' of negative-energy electrons.)

Quantum computing

Recently there has been considerable interest in the possibility of exploiting the superposition principle as a means for gaining greatly enhanced computing power.

Conventional computing is based on the combination of binary operations, expressed formally in logical combinations of 0s and 1s, and realizable in hardware terms by switches that are either on or off. In a classical device, of course, the latter are mutually exclusive possibilities. A switch is either definitely on or definitely off. In the quantum world, however, the switch could be in a state that is a superposition of these two classical possibilities. A sequence of such superpositions would correspond to a wholly novel kind of parallel processing. The ability to keep so many computational balls in the air simultaneously could, in principle, represent an increase in computing power which the addition of extra elements would multiply up exponentially, compared with the linear increase in conventional circumstances. Many computational tasks, such as decodings or the factorization of very large numbers, would become feasible that are infeasible with present machines.

These are exciting possibilities. (Their proponents display a liking for talking about them in many-worlds terms, as if processing would take place in parallel universes, but it seems that really it is just the superposition principle itself that is the basis for the feasibility of quantum computing.) Actual implementation, however, will be a distinctly tricky business, with many problems yet to be solved. Many of these centre on the stable preservation of the superposed states. The phenomenon of decoherence shows how problematic it could be to insulate a quantum computer from deleterious environmental interference. Quantum computing is being given serious technological and entrepreneurial consideration, but as an effective procedure it currently remains a gleam in the eye of its proponents.

Chapter 5
Togetherness

Einstein, through his explanation of the photoelectric effect, had been one of the grandfathers of quantum theory. However, he came to detest his grandchild. Like the vast majority of physicists, Einstein was deeply convinced of the reality of the physical world and trusted in the truthful reliability of science's account of its nature. But he came to believe that this reality could only be guaranteed by the kind of naive objectivity that Newtonian thinking had assumed. In consequence, Einstein abhorred the cloudy fitfulness that Copenhagen orthodoxy assigned to the nature of the quantum world.

His first onslaught on modern quantum theory took the form of a series of highly ingenious thought experiments, each of which purported in some way to circumvent the limitations of the Heisenberg uncertainty principle. Einstein's opponent in this contest was Niels Bohr, who each time succeeded in showing that a thorough-going application of quantum ideas to all aspects of the proposed experiment actually resulted in the uncertainty principle surviving unscathed. Eventually Einstein conceded defeat in this particular battle.

After licking his wounds for a while, Einstein returned to the fray, staking out a new ground for contention. With two younger collaborators, Boris Podolsky and Nathan Rosen, he showed that there were some very peculiar, hitherto unnoticed, long-range implications for the quantum mechanical behaviour of two apparently well-separated particles. The issues are most easily explained in terms of a later development of what, bearing in mind its discoverers' names, we may call EPR thinking. The argument was due to David Bohm and, although it is a little involved, it is well worth wrestling with.

Suppose two particles have spins $\mathbf{s}_1$ and $\mathbf{s}_2$ and it is known that the total spin is zero. This implies, of course, that $\mathbf{s}_2$ is $-\mathbf{s}_1$. Spin is a vector (that is, it has magnitude and direction – think of it as an arrow) and we have followed mathematical convention in using boldface type for vectorial quantities. A spin vector will, therefore, have three components measured along three chosen spatial directions, x, y, and z. If one were to measure the x component of $\mathbf{s}_1$ and get the answer s'_{1x}, then the x component of $\mathbf{s}_2$ must be $-s'_{1x}$. If, on the other hand, one had measured the y component of $\mathbf{s}_1$, getting the answer s'_{1y}, one would know that the y component of $\mathbf{s}_2$ would have to be $-s'_{1y}$. But quantum mechanics does not permit one to measure both the x and y components of spin simultaneously, because there is an uncertainty relation between them. Einstein argued that, while this might be the case according to orthodox quantum thinking, whatever happened to particle 1 could have no immediate effect upon the distant particle 2. In EPR thinking, the spatial separation of 1 and 2 implies *the independence of what happens at 1 and what happens at 2*. If that is so, and if one can choose to measure either the x or the y components of spin at 1 and get certain knowledge of the x or y components respectively of spin at 2, then Einstein claimed that particle 2 must actually have these definite values for its spin components, whether the measurements were actually made or not. This was something that conventional quantum theory denied, because, of course, the uncertainty relation between x and y spin components applied as much to particle 2 as to particle 1.

Einstein's conclusion from this mildly complicated argument was that there must be something incomplete in conventional quantum theory. It failed to account for what he believed must be definite values of spin components. Almost all his fellow physicists interpret things differently. In their view, neither $\mathbf{s}_1$ nor $\mathbf{s}_2$ have definite spin components until a measurement is actually made. Then, determining the x component of 1 forces the x component of 2 to take the opposite value. That is to say, the measurement at 1 also forces a collapse of the wavefunction at 2 onto the opposite value of the x spin component. If it had been the y component that had been measured at 1, then the collapse at 2 would have been onto the opposite y spin component. These two 2-states (known x component; known y component) are absolutely distinct from each other. Thus the majority view leads to the conclusion that *measurement on 1 produces instantaneous change at 2, a change that depends precisely on exactly what is measured at 1.* In other words, there is some counterintuitive togetherness-in-separation between 1 and 2; action at 1 produces immediate consequences for 2 and the consequences are different for different actions at 1. This is usually called the *EPR effect*. The terminology is somewhat ironic since Einstein himself refused to believe in such a long-range connection, regarding it as an influence that was too 'spooky' to be acceptable to a physicist. There the matter rested for a while.

The next step was taken by John Bell. He analysed what properties the 1–2 system would have if it were a genuinely separated system (as Einstein had supposed), with properties at 1 depending only on what happened locally at 1 and properties at 2 depending only on what happened locally at 2. Bell showed that if this strict locality were the case, there would be certain relations between measurable quantities (they are now called the *Bell inequalities*) that quantum mechanics predicted would be violated in certain circumstances. This was a very significant step forward, moving the argument on from the realm of thought experiments into the empirically accessible realm of what could actually be investigated in the laboratory. The experiments were not easy to do but eventually, in the early 1980s, Alain Aspect and his collaborators were able to carry out a skilfully instrumented investigation that vindicated the predictions of quantum theory and negated the possibility of a purely local theory of the kind that Einstein had espoused. It had become clear that there is an irreducible degree of non-locality present in the physical world. Quantum entities that have interacted with each other remain mutually entangled, however far they may eventually separate spatially. It seems that nature fights back against a relentless reductionism. Even the subatomic world cannot be treated purely atomistically.

The EPR effect's implication of deep-seated relationality present in the fundamental structure of the physical world is a discovery that physical thinking and metaphysical reflection have still to come to terms with in fully elucidating all its consequences. As part of that continuing process of assimilation, it is necessary to be as clear as possible about what is the character of the entanglement that EPR implies. One must acknowledge that a true case of action at a distance is involved, and not merely some gain in additional knowledge. Putting it in learned language, the EPR effect is ontological and not simply epistemological. Increase in knowledge at a distance is in no way problematic or surprising. Suppose an urn contains two balls, one white, the other black. You and I both put in our hands and remove one of the balls in our closed fists. You then go a mile down the road, open your fist and find that you have the white ball. Immediately you know I must have the black one. The only thing that has changed in this episode is your state of knowledge. I always had the black ball, you always had the white ball, but now you have become aware that this is so. In the EPR effect, by contrast, what happens at 1 *changes* what is the case at 2. It is as if, were you to find that you had a red ball in your hand, I would have to have a blue ball in mine, but if you found a green ball, I would have to have a yellow ball and, previous to your looking, neither of us had balls of determinate colours.

An alert reader may query all this talk about instantaneous change. Does not special relativity prohibit something at 1 having any effect at 2 until there has been time for the transmission of an influence moving with at most the velocity of light? Not quite. What relativity actually prohibits is the instantaneous transmission of information, of a kind that would permit the immediate synchronization of a clock at 2 with a clock at 1. It turns out that the EPR kind of entanglement does not permit the conveyance of messages of that kind. The reason is that its togetherness-in-separation takes the form of correlations between what is happening at 1 and what is happening at 2 and no message can be read out of these correlations without knowledge of what is happening at both ends. It is as if a singer at 1 was singing a random series of notes and a singer at 2 was also singing a random series of notes and only if one were able to hear them both together would one realize that the two singers were in some kind of harmony with each other. Realizing this is so warns us against embracing the kind of 'quantum hype' argument that incorrectly asserts that EPR 'proves' that telepathy is possible.

Chapter 6
Lessons and meanings

The picture of physical process presented to us by quantum theory is radically different from what everyday experience would lead us to expect. Its peculiarity is such as to raise with some force the question of whether this is indeed what subatomic nature is 'really like' or whether quantum mechanics is no more than a convenient, if strange, manner of speaking that enables us to do the sums. We may get answers that agree startlingly well with the results obtained by the laboratory use of classical measuring apparatus, but perhaps we should not actually believe the theory. The issue raised is essentially a philosophical one, going beyond what can be settled simply by the use of science's own unaided resources. In fact, this quantum questioning is just a particular example – if an unusually challenging one – of the fundamental philosophical debate between the realists and the positivists.

Positivism and realism

Positivists see the role of science as being the reconciliation of observational data. If one can make predictions that accurately and harmoniously account for the behaviour of the measuring apparatus, the task is done. Ontological questions (What is really there?) are an irrelevant luxury and best discarded. The world of the positivist is populated by counter readings and marks on photographic plates.

This point of view has a long history. Cardinal Bellarmine urged upon Galileo that he should regard the Copernican system as simply a convenient means for 'saving the appearances', a good way of doing calculations to determine where planets would appear in the sky. Galileo should not think that the Earth actually went round the Sun – rather Copernicus should be considered as having used the supposition simply as a handy calculational device. This face-saving offer did not appeal to Galileo, nor have similar suggestions been favourably received by scientists generally. If science is just about correlating data, and is not telling us what the physical world is actually like, it is difficult to see that the enterprise is worth all the time and trouble and talent expended upon it. Its achievements would seem too meagre to justify such a degree of involvement. Moreover, the most natural explanation of a theory's ability to save appearances would surely be that it bore some correspondence to the way things are.

Nevertheless, Niels Bohr often seemed to speak of quantum theory in a positivistic kind of way. He once wrote to a friend that

> There is no quantum world. There is only abstract quantum physical description. It is wrong to think that the task of physics is to find out how nature *is*. Physics is concerned with what we can say about nature.

Bohr's preoccupation with the role of classical measuring apparatus could be seen as having encouraged such a positivistic-sounding point of view. We have seen that in his later years he became very concerned with philosophical issues, writing extensively about them. The resulting corpus is hard to interpret. Bohr's gift in philosophical matters fell far short of his outstanding talent as a physicist. Moreover, he believed – and exemplified – that there are two kinds of truth: a trivial kind, which could be articulated clearly, and a profound kind which could only be spoken about cloudily. Certainly the body of his writings has been very variously interpreted by the commentators. Some have felt that there was, in fact, a kind of qualified realism to which Bohr was an adherent.

Realists see the role of science to be to discover what the physical world is actually like. This is a task that will never be completely fulfilled. New physical regimes (encountered at yet higher energies, for example) will always be awaiting investigation, and they may well prove to have very unexpected features in their behaviour. An honest assessment of the achievement of physics can at most claim verisimilitude (an accurate account of a wide but circumscribed range of phenomena) and not absolute truth (a total account of physical reality). Physicists are the mapmakers of the physical world, finding theories that are adequate on a chosen scale but not capable of describing every aspect of what is going on. A philosophical view of this kind sees the attainment of physical science as being the tightening grasp of an actual reality. The world of the realist is populated by electrons and photons, quarks and gluons.

A kind of halfway house between positivism and realism is offered by pragmatism, the philosophical position that acknowledges the technological fact that physics enables us to get things done, but which does not go as far as a realist position in thinking that we know what the world is actually like. A pragmatist might say that we should take science seriously but we should not go so far as to believe it. Yet, far and away the most obvious explanation of the technological success of science is surely that it is based on a verisimilitudinous understanding of the way that matter actually behaves.

A number of defences of scientific realism can be mounted. One, already noted, is that it provides a natural understanding of the predictive successes of physics and its long-term fruitfulness, and of the reliable working of the many technological devices constructed in the light of its picture of the physical world. Realism also explains why scientific endeavour is seen to be worthwhile, attracting the lifelong devotion of many people of high talent, for it is an activity that yields actual knowledge of the way things are. Realism corresponds to the conviction of scientists that they experience the making of discoveries and that they are not just learning better ways to do the sums, or just tacitly agreeing among themselves to see things this way. This conviction of discovery arises powerfully from frequent experience of the recalcitrance displayed by nature in the face of the scientist's prior expectation. The physicist may approach phenomena with certain ideas in mind, only to find that they are negated by the actual way that the physical world is found to behave. Nature forces reconsideration upon us and this often drives the eventual discovery of the totally unexpected character of what is going on. The rise of quantum theory is, of course, an outstanding example of the revisionism imposed by physical reality upon the thinking of the scientist.

If quantum theory is indeed telling us what the subatomic world is really like, then its reality is something very different from the naive objectivity with which we can approach the world of everyday objects. This is the point that Einstein found so hard to accept. He passionately believed in the reality of the physical world but he rejected conventional quantum theory because he wrongly supposed that only the objective could be the real.

Quantum reality is cloudy and fitful in its character. The French philosopher-physicist Bernard d'Espagnat has spoken of its nature as being 'veiled'. The most truly philosophically reflective of the founding figures of quantum theory was Werner Heisenberg. He felt that it would be valuable to borrow from Aristotle the concept of *potentia*. Heisenberg once wrote that

> In experiments about atomic events we have to do with things that are facts, with phenomena that are just as real as any phenomena in daily life. But the atoms or elementary particles are not as real; they form a world of potentialities or possibilities rather than of things or facts.

An electron does not all the time possess a definite position or a definite momentum, but rather it possesses the potentiality for exhibiting one or other of these if a measurement turns the potentiality into an actuality. I would disagree with Heisenberg in thinking that this fact makes an electron 'not as real' as a table or a chair. The electron simply enjoys a different kind of reality, appropriate to its nature. If we are to know things as they are, we must be prepared to know them as they actually are, on their own terms, so to speak.

Why is it that almost all physicists want to insist on the reality, appropriately understood, of electrons? I believe it is because the assumption that there are electrons, with all the subtle quantum properties that go with them, makes intelligible great swathes of physical experience that otherwise would be opaque to us. It explains the conduction properties of metals, the chemical properties of atoms, our ability to build electron microscopes, and much else besides. It is *intelligibility* (rather than objectivity) that is the clue to reality – a conviction, incidentally, that is consonant with a metaphysical tradition stemming from the thought of Thomas Aquinas.

The veiled reality that is the essence of the nature of electrons is represented in our thinking by the wavefunctions associated with them. When a physicist thinks about what an electron is 'doing', it is the appropriate wavefunction that is in mind. Obviously the wavefunction is not as accessible an entity as the objective presence of a billiard ball, but neither does it function in quantum thinking in a way that makes one comfortable with the positivistic notion that it is simply a calculational device. The rather wraithlike wavefunction seems an appropriate vehicle to be the carrier of the veiled potentiality of quantum reality.

Reasonableness

If the study of quantum physics teaches one anything, it is that the world is full of surprises. No one would have supposed beforehand that there could be entities that sometimes behaved as if they were waves and sometimes behaved as if they were particles. This realization was forced upon the physics community by the intransigent necessity of actual empirical experience. As Bohr once said, the world is not only stranger than we thought; it is stranger than we could think. We noted earlier that even logic has to be modified when it is applied to the quantum world.

A slogan for the quantum physicist might well be 'No undue tyranny of commonsense'. This stirring motto conveys a message of wider relevance than to the quantum realm alone. It reminds us that our powers of rational prevision are pretty myopic. The instinctive question that a scientist ought to ask about a proposed account of some aspect of reality, whether within science or beyond it, is not 'Is it reasonable?', as if we felt we knew beforehand what form reason was bound to take. Rather, the proper question is 'What makes you think this might be the case?' The latter is a much more open question, not foreclosing the possibility of radical surprise but insisting that there should be evidential backing for what is being asserted.

If quantum theory encourages us to keep fluid our conception of what is reasonable, it also encourages us to recognize that there is no universal epistemology, no single sovereign way in which we may hope to gain all knowledge. Although we can know the everyday world in its Newtonian clarity, we can only know the quantum world if we are prepared to accept it in its Heisenbergian uncertainty. Insisting on a naively objective account of electrons can only lead to failure. There is a kind of epistemological circle: how we know an entity must conform to the nature of that entity; the nature of the entity is revealed through what we know about it. There can be no escape from this delicate circularity. The example of quantum theory encourages the belief that the circle can be benign and not vicious.

Metaphysical criteria

Successful physical theories must eventually be able to exhibit their ability to fit the experimental facts. The ultimate saving of appearances is a necessary achievement, though there may be some interim periods of difficulty on the way to that end (as when Dirac initially faced the apparently empirically disastrous prediction of negative energy states of the electron). Particularly persuasive will be the property of sustained fruitfulness, as a theory proves able to predict or give understanding of new or unexpected phenomena (Dirac's explanation of the magnetic properties of electrons and his prediction of the positron).

Yet these empirical successes are not by themselves always sufficient criteria for the endorsement of a theory by the scientific community. The choice between an indeterministic interpretation of quantum theory and a deterministic interpretation cannot be made on these grounds. Bohm saves appearances as well as Bohr does. The issue between them has to be settled for other reasons. The decision turns out to depend upon metaphysical judgement and not simply on physical measurements.

Metaphysical criteria that the scientific community take very seriously in assessing the weight to put on a theory include:

(1) Scope

The theory must make intelligible the widest possible range of phenomena. In the case of Bohr and Bohm, this criterion does not lead to a settlement of the issue between them, because of the empirical equivalence of the two sets of results (though one should note that Bohmian thinking needs to complete its account by better arguments to substantiate its belief that the initial probabilities are correctly given by a wavefunction calculation).

(2) Economy

The more concise and parsimonious a theory is, the more attractive it will seem. Bohm's theory scores less well here because of its assumption of the hidden wave in addition to the observable particles. This multiplication of entities is certainly seen by many physicists to be an unattractive feature of the theory.

(3) Elegance

This is a notion, to which one can add the property of *naturalness*, that results from the lack of undue contrivance. It is on these grounds that most physicists find the greatest difficulty with Bohmian ideas. In particular, the *ad hoc* but necessary appropriation of the Schrödinger equation as the equation for the Bohmian wave has an unattractively opportunist air to it.

These criteria do not only lie outside physics itself, but they are also such that their assessment is a matter of personal judgement. That they are satisfied is not a matter that can be reduced to following a formalized protocol. It is not a judgement whose evaluation could be delegated to a computer. The majority verdict of the quantum physics community in favour of Bohr and against Bohm is a paradigm example of what the philosopher of science, Michael Polanyi, would have referred to as the role in science of 'personal knowledge'. Polanyi, who had himself been a distinguished physical chemist before he turned to philosophy, emphasized that, though the subject matter of science is the impersonal physical world, the activity of doing science is ineluctably an activity of persons. This is because it involves many acts of judgement that require the exercise of tacit skills that can only be acquired by persons who have served a long apprenticeship within the truth-seeking community of scientists. These judgements do not only concern the application of the kind of metaphysical criteria we have been discussing. At a more everyday level they include such skills as the experimenter's ability to assess and eliminate spurious 'background' effects that might otherwise contaminate the results of an experiment. There is no little black book that tells the experimenter how to do this. It is something learned from experience. In a phrase that Polanyi often repeated, we all 'know more than we can tell', whether this is shown in the tacit skills of riding a bicycle, the connoisseurship of wine, or the design and execution of successful physical experiments.

Holism

We have seen in Chapter 5 that the EPR effect shows that there is an intrinsic non-locality present in the quantum world. We have also seen that the phenomenon of decoherence has made plain the quite astonishingly powerful effects that the general environment can exercise on quantum entities. Although quantum physics is the physics of the very small, it by no means endorses a purely atomistic, 'bits and pieces', account of reality.

Physics does not determine metaphysics (the wider world view), but it certainly constrains it, rather as the foundations of a house constrain, but do not determine completely, the edifice that will be built upon them. Philosophical thinking has not always adequately taken into account the implications of these holistic aspects of quantum theory. There can be no doubt that they encourage acceptance of the necessity of attaining an account of the natural world that succeeds both in recognizing that its building blocks are indeed elementary particles, but also that their combination gives rise to a more integrated reality than a simple constituent picture on its own would suggest.

The role of the observer

A cliché that is often repeated is that quantum theory is 'observer created'. More careful thought will considerably qualify and reduce that claim. What can be said will depend critically upon what interpretation of the measurement process is chosen. This is the central issue because, between measurements, the Schrödinger equation prescribes that a quantum system evolves in a perfectly continuous and determined fashion. It is also important to recall that the general definition of measurement is the irreversible macroscopic registration of the signal of a microscopic state of affairs. This happening may involve an observer, but in general it need not.

Only the consciousness interpretation assigns a unique role to the acts of a conscious observer. All other interpretations are concerned simply with aspects of physical process, without appeal to the presence of a person. Even in the consciousness interpretation, the role of the observer is confined to making the conscious choice of what is to be measured and then unconsciously bringing about what the outcome actually turns out to be. Actuality can only be transformed within the limits of the quantum potentiality already present.

On the neo-Copenhagen view, the experimenter chooses what apparatus to use and so what is to be measured, but then the outcome is decided within that apparatus by macroscopic physical processes. If, on the contrary, it is the new physics of GRW that is at work, it is random process that produces the actual outcome. If Bohmian theory is correct, the role of the observer is simply the classical function of seeing what is already unambiguously the case. In the many-worlds interpretation, it is the observer who is acted upon by physical reality, being cloned to appear in all those parallel universes, within whose vast portfolio all possible outcomes are realized somewhere or other.

No common factor unites these different possible accounts of the role of the observer. At most it would seem appropriate only to speak of 'observer-influenced reality' and to eschew talk of 'observer-created reality'. What was not already in some sense potentially present could never be brought into being.

In connection with this issue, one must also question the assertion, often made in association with claimed parallels to the concept of *maya* in Eastern thought, that the quantum world is a 'dissolving world' of insubstantiality. This is a kind of half-truth. There is the quantum 'veiledness' that we have already discussed, together with the widely acknowledged role that potentiality plays in quantum understanding. Yet there are also persisting aspects of the quantum world that equally need to be taken into account. Physical quantities such as energy and momentum are conserved in quantum theory, much as they are in classical physics. Recall also that one of the initial triumphs of quantum mechanics was to explain the stability of atoms. The quantum exclusion principle undergirds the fixed structure of the periodic table. By no means all the quantum world dissolves into elusiveness.

Quantum hype

It seems appropriate to close this chapter with an intellectual health warning. Quantum theory is certainly strange and surprising, but it is not so odd that according to it 'anything goes'. Of course, no one would actually argue with such crudity, but there is a kind of discourse that can come perilously close to adopting that caricature attitude. One might call it 'quantum hype'. I want to suggest that sobriety is in order when making an appeal to quantum insight.

We have seen that the EPR effect does not offer an explanation of telepathy, for its degree of mutual entanglement is not one that could facilitate the transfer of information. Quantum processes in the brain may possibly have some connection with the existence of the human conscious mind, but random subatomic uncertainty is very different indeed from the exercise of the free will of an agent. Wave/particle duality is a highly surprising and instructive phenomenon, whose seemingly paradoxical character has been resolved for us by the insights of quantum field theory. It does not, however, afford us a licence to indulge in embracing any pair of apparently contradictory notions that take our fancy. Like a powerful drug, quantum theory is wonderful when applied correctly, disastrous when abused and misapplied.

Further reading

Books relating to quantum theory are legion. The following list gives a short personal selection that a reader in search of further insight might find useful to consult.

Books that use more mathematics than this one, while still remaining popular in style:

T. Hey and P. Walters, *The Quantum Universe* (Cambridge University Press, 1987)

J. C. Polkinghorne, *The Quantum World* (Penguin, 1990)

M. Rae, *Quantum Physics: Illusion or Reality?* (Cambridge University Press, 1986)

A book that uses mathematics at a professional level, while being much more concerned with interpretative issues than is usual in textbooks:

C. J. Isham, *Lectures on Quantum Theory: Mathematical and Structural Foundations* (Imperial College Press, 1995)

The classic exposition by one of the founders of the subject:

P. A. M. Dirac, *The Principles of Quantum Mechanics*, 4th edn. (Oxford University Press, 1958)

A philosophically sophisticated discussion of interpretative issues:

B. d'Espagnat, *Reality and the Physicist: Knowledge, Duration and the Quantum World* (Cambridge University Press, 1989)

A more general introduction to issues in the philosophy of science:

W. H. Newton-Smith, *The Rationality of Science* (Routledge and Kegan Paul, 1981)

Newton-Smith, however, neglects the thought of Michael Polanyi, which can be found in:

M. Polanyi, *Personal Knowledge* (Routledge and Kegan Paul, 1958)

Books of special relevance to the Bohmian version of quantum theory:

D. Bohm and B. Hiley, *The Undivided Universe* (Routledge, 1993)
J. T. Cushing, *Quantum Mechanics: Historical Contingency and the Copenhagen Hegemony* (University of Chicago Press, 1994)

Reflective writings by two of the founding figures:

N. Bohr, *Atomic Physics and Human Knowledge* (Wiley, 1958)
W. Heisenberg, *Physics and Philosophy: The Revolution in Modern Science* (Allen & Unwin, 1958)

Biographies of significant quantum physicists:

A. Pais, *Niels Bohr's Times in Physics, Philosophy and Polity* (Oxford University Press, 1991)
H. S. Kragh, *Dirac: A Scientific Biography* (Cambridge University Press, 1990)
A. Pais, *'Subtle is the Lord . . .': The Science and Life of Albert Einstein* (Oxford University Press, 1982)
J. Gleick, *Genius: The Life and Science of Richard Feynman* (Pantheon, 1992)
D. C. Cassidy, *Uncertainty: The Life and Science of Werner Heisenberg* (W. H. Freeman, 1992)
W. Moore, *Schrödinger: Life and Thought* (Cambridge University Press, 1989)

Glossary

Generally speaking, this glossary limits itself to defining terms that recur in the text or that are of particular significance for a basic understanding of quantum theory. Other terms that occur only once or are of less fundamental importance are defined in the text itself, and these can be accessed through the index.

angular momentum: a dynamical quantity that is the measure of rotatory motion

Balmer formula: a simple formula for the frequencies of prominent lines in the hydrogen spectrum

Bell inequalities: conditions that would have to be satisfied in a theory that was strictly local in its character, with no non-local correlations

bosons: particles whose many-particle *wavefunctions* are symmetric

Bohmian theory: a deterministic interpretation of quantum theory proposed by David Bohm

chaos theory: the physics of systems whose extreme sensitivity to details of circumstance makes their future behaviour intrinsically unpredictable

classical physics: deterministic and picturable physical theory of the kind that Isaac Newton discovered

collapse of the wavepacket: the discontinuous change in the *wavefunction* occasioned by an act of measurement

complementarity: the fact, much emphasized by Niels Bohr, that there are distinct and mutually exclusive ways in which a quantum system can be considered

Copenhagen interpretation: a family of interpretations of quantum theory deriving from Niels Bohr and emphasizing indeterminacy and the role of classical measuring apparatus in measurement

decoherence: an environmental effect on quantum systems that is capable of rapidly inducing almost classical behaviour

degrees of freedom: the different independent ways in which a dynamical system can change in the course of its motion

epistemology: philosophical discussion of the significance of what we can know

EPR effect: the counterintuitive consequence that two quantum entities that have interacted with each other retain a power of mutual influence however far apart they may separate from each other

exclusion principle: the condition that no two *fermions* (such as two electrons) can be in the same state

fermions: particles whose many-particle *wavefunctions* are antisymmetric

hidden variables: unobservable quantities that help to fix what actually happens in a deterministic interpretation of quantum theory

interference phenomena: effects arising from the combination of waves, which may result in reinforcement (waves in step) or cancellation (waves out of step)

many-worlds interpretation: an interpretation of quantum theory in which all possible outcomes of measurement are actually realized in different parallel worlds

measurement problem: the contentious issue in the interpretation of quantum theory relating to how one is to understand the obtaining of a definite result on each occasion of measurement

non-commuting: the property that the order of multiplication matters, so that AB is not the same as BA

observables: quantities that can be measured experimentally

ontology: philosophical discussion of the nature of being

Planck's constant: the fundamental new physical constant that sets the scale of quantum theory

positivism: the philosophical position that science is concerned simply with correlating directly observed phenomena

pragmatism: the philosophical position that science is really about the technical capability for getting things done

quantum chaology: the not-fully-understood subject of the quantum mechanics of chaotic systems

quantum field theory: the application of quantum theory to fields such as the electromagnetic field or the field that is associated with electrons

quarks and gluons: current candidates for the basic constituents of nuclear matter

radiation: energy carried by the electromagnetic field

realism: the philosophical position that science is telling us what the physical world is actually like

Schrödinger equation: the fundamental equation of quantum theory that determines how the *wavefunction* varies with time

spin: the intrinsic *angular momentum* possessed by elementary particles

statistical physics: treatment of the bulk behaviour of complex systems on the basis of their most probable states

statistics: the behaviour of systems composed of identical particles

superposition: the fundamental principle of quantum theory that permits the adding together of states that in *classical physics* would be immiscible

uncertainty principle: the fact that in quantum theory *observables* can be grouped in pairs (such as position and momentum, time and energy) such that both members of the pair cannot simultaneously be measured with precise accuracy. The scale of the limit of simultaneous accuracy is set by *Planck's constant*

wavefunction: the most useful mathematical representation of a state in quantum theory. It is a solution of the *Schrödinger equation*

wave/particle duality: the quantum property that entities can sometimes behave in a particlelike way and sometimes in a wavelike way

Mathematical appendix

I set out in concise form, some simple mathematical details that will illuminate, for those who wish to take advantage of them, various points that arise in the mathematically innocent main text. (Items are cross-referenced in that text by their section numbers.) The demands made upon the readers of this appendix vary from the ability to feel at home with algebraic equations to some elementary familiarity with the notation of the calculus.

1. The Balmer formula

It is most helpful to give the formula in the slightly changed form in which it was rewritten by Rydberg. If ν_n is the frequency of the nth line in the visible hydrogen spectrum (n taking the integer values, 3,4, . . .), then

$$\nu_n = cR\left(\frac{1}{2^2} - \frac{1}{n^2}\right), \qquad (1.1)$$

where c is the velocity of light and R is a constant called the Rydberg. Expressing the formula in this way, as the difference of two terms, eventually proved to have been an astute move (see section 3 below). Other series of spectral line in which the first term is $1/1^2$, $1/3^2$, etc, were identified later.

2. The photoelectric effect

According to Planck, electromagnetic radiation oscillating ν times a second is emitted in quanta of energy $h\nu$, where h is Planck's constant and has the tiny value of $6.63.10^{-34}$ joule-seconds. (If one replaces ν by the angular frequency $\omega = 2\pi\nu$, the formula becomes $\hbar\omega$, where $\hbar = h/2\pi$, also often called Planck's constant and pronounced 'aitch bar' or 'aitch slash'.)

Einstein supposed that these quanta had abiding existence. If radiation fell on a metal, one of the electrons in the metal might absorb one quantum, thereby acquiring its energy. If the energy needed for the electron to escape from the metal was W, then that escape would take place if $h\nu > W$, but it would be impossible if $h\nu < W$. There was therefore a frequency ($\nu_0 = W/h$) below which no electrons could be emitted, however intense the beam of incident radiation might be. Above that frequency, some electrons would be emitted, even if the beam were pretty weak.

A pure wave theory of radiation would give an entirely different behaviour, since the energy conveyed to the electrons would then be expected to depend upon the intensity of the beam, but not upon its frequency.

The observed properties of photoelectric emission agree with the predictions of the particle picture and not with the wave picture.

3. The Bohr atom

Bohr supposed that the hydrogen atom consists of an electron of charge -e and mass m moving in a circle around a proton of charge e. The latter's mass is sufficiently large (1,836 times the electron mass) for the effect of its motion to be neglected. If the radius of the circle is r and the electron's velocity is v, then balancing electrostatic attraction against centrifugal acceleration gives

$$\frac{e^2}{r^2} = m\frac{v^2}{r}, \text{ or } e^2 = mv^2 r. \tag{3.1}$$

The energy of the electron is the sum of its kinetic energy and electrostatic potential energy, giving

$$\mathrm{E} = \frac{1}{2}mv^2 - \frac{e^2}{r}, \tag{3.2}$$

which, using (3.1), can be written as

$$E = \frac{-e^2}{2r}. \tag{3.3}$$

Bohr then imposed a novel quantum condition, requiring that the angular momentum of the electron must be an integral multiple of Planck's constant $\hbar$,

$$mvr = n\hbar \; (n = 1,2, \ldots). \tag{3.4}$$

The corresponding possible energies are then

$$E_n = \frac{-e^4 m}{2\hbar^2} \cdot \frac{1}{n^2}. \tag{3.5}$$

If the energy released when an electron moves from the state n to the state 2 is emitted as a single photon, the frequency of that photon will be

$$\nu_n = c \cdot \frac{e^4 m}{4\pi\hbar^3 c} \cdot \left(\frac{1}{2^2} - \frac{1}{n^2}\right). \tag{3.6}$$

This is just the Balmer formula (1.1). Not only did Bohr explain that formula but he enabled the Rydberg constant R to be calculated in terms of other known physical constants,

$$R = \frac{e^4 m}{4\pi\hbar^3 c}, \tag{3.7}$$

a number that agreed with the experimentally known value. Bohr's discovery represented a remarkable triumph for the new quantum way of thinking

(In the proper quantum mechanical calculation of the hydrogen atom, using the Schrödinger equation (see section 6), the discrete energy levels arise in a somewhat different way, bearing some analogy to the harmonic frequencies of an open string, and the number n is more obliquely related to angular momentum.)

4. Non-commuting operators

The matrices that Heisenberg employed do not in general commute with each other, but eventually it turned out that quantum theory required a further generalization in which non-commuting differential operators were incorporated into the formalism. This is the development that led the physicists eventually to use the mathematics of Hilbert space.

In the general case, quantum mechanical formulae can be obtained from those of classical physics by making the following substitutions for position x and momentum p:

$$x \to x,$$

$$p \to -i\hbar \frac{\partial}{\partial x}. \tag{4.1}$$

Because of the appearance of the differential operator $\partial/\partial x$ in (4.1), the variables x and p do not commute with each other, in contrast to the property of commutation that trivially applies to the numbers that classical physics assigns to positions and momenta. When $\partial/\partial x$ is on the left it differentiates the x on its right, as well as any other entity to the right, so that we may write

$$\frac{\partial}{\partial x} \cdot \mathrm{x} - \mathrm{x} \cdot \frac{\partial}{\partial x} = 1. \tag{4.2}$$

Defining the commutator bracket $[p,x] = p.x - x.p$, we may rewrite this as

$$[p,x] = - i\hbar. \tag{4.3}$$

This relation is known as the *quantization condition*. An alert reader will note that another solution of (4.3) would be given by

$$\text{x} \to i\hbar \frac{\partial}{\partial p},$$

$$p \to p. \tag{4.4}$$

Dirac particularly emphasized the way in which there are many equivalent ways of formulating quantum mechanics.

5. de Broglie waves

The Planck formula

$$E = h\nu \tag{5.1}$$

makes energy proportional to the number of vibrations per unit interval of *time*. Relativity theory brackets together space-and-time, momentum-and-energy, as natural fourfold combinations. The young de Broglie therefore proposed that in quantum theory momentum should be proportional to the number of vibrations per unit interval of *space*. This leads to the formula

$$p = \frac{h}{\lambda}, \tag{5.2}$$

where λ is the wavelength. Equations (5.1) and (5.2) together give a way of relating particlelike properties (E and p) to wavelike properties (ν and λ). The spatial dependence of a waveform of wavelength λ is given by

$$e^{i2\pi x/\lambda} \tag{5.3}$$

Putting (4.1) and (5.3) together recovers (5.2).

6. The Schrödinger equation

The energy of a particle is the sum of its kinetic energy ($\frac{1}{2}mv^2 = \frac{1}{2}p^2/m$, where p is mv) and its potential energy (which, in general, we can write as a function of x, $V(x)$). The quantum mechanical relation between energy and time that is the analogue of (4.1) is

$$E \to i\hbar\frac{\partial}{\partial t}. \tag{6.1}$$

The difference in sign between (6.1) and (4.1) is due to the fact that the time dependence of a waveform moving to the right and corresponding to the spatial dependence (5.3), is

$$e^{-i2\pi\nu t}, \tag{6.2}$$

so that the plus sign in (6.1) is needed to give $E = h\nu$.

Using (4.1) and (6.1) to turn $E = \frac{1}{2}mv^2 + V$ into a differential equation for the quantum mechanical wavefunction ψ, yields

$$i\hbar\frac{\partial\psi}{\partial t} = \left[-\frac{\hbar^2}{2m}\frac{\partial^2}{\partial x^2} + V(x)\right]\psi, \tag{6.3a}$$

in one space dimension, and

$$i\hbar\frac{\partial\psi}{\partial t} = \left[-\frac{\hbar^2}{2m}\nabla^2 + V(\boldsymbol{x})\right]\psi, \tag{6.3b}$$

in the three-dimensional space of the vector $\boldsymbol{x} = (x, y, z)$, where

$$\nabla^2 = \frac{\partial^2}{\partial x^2} + \frac{\partial^2}{\partial y^2} + \frac{\partial^2}{\partial z^2}. \tag{6.4}$$

These expression are the Schrödinger equation, first written down by him on the basis of a rather different line of argument. The operator in square brackets in equations (6.3) is called the *Hamiltonian.*

Notice that equations (6.3) are *linear equations* in ψ, that is to say if ψ_1 and ψ_2 are two solutions, so is

$$\lambda_1\psi_1 + \lambda_2\psi_2, \tag{6.5}$$

for any pair of numbers λ_1 and λ_2.

Max Born emphasized that the wavefunction has the interpretation of representing a probability wave. The probability of finding a particle at the point x is proportional to the square of the modulus of the corresponding (complex) wavefunction.

7. Linear spaces

The linearity property noted at the end of section 6 is a fundamental characteristic of quantum theory and the basis for the superposition principle. Dirac generalized the ideas based on wavefunctions, formulating the theory in terms of abstract vector spaces.

A set of vectors $|\,a_i\rangle$ form a *vector space* if any combination of them

$$\lambda_1\,|\,a_1\rangle + \lambda_2\,|\,a_2\rangle + \ldots, \tag{7.1}$$

also belongs to the space, where the λ_i are arbitrary (complex) numbers. Dirac called these vectors 'kets'. They are the generalizations of the Schrödinger wavefunctions ψ. There is also a dual space of 'bras', antilinearly related to the kets

$$\sum_i \lambda_i\,|\,a_i\rangle \rightarrow \sum_i \langle a_i\,|\,\lambda_i^* \tag{7.2}$$

where the λ_i^* are the complex conjugates of the λ_i. (The bras $\langle a\,|$

obviously correspond to the complex conjugate wavefunctions, ψ^*.) A scalar product can be formed between a bra and a ket (giving a 'bra(c)ket' – Dirac was rather fond of this little joke). This corresponds in wavefunction terms to the integral $\int \psi_1^* \psi_2 dx$. It is denoted by $\langle a_1 | a_2 \rangle$ and it has the property that

$$\langle a_1 | a_2 \rangle = \langle a_2 | a_1 \rangle^*. \tag{7.3}$$

It follows from (7.3) that $\langle a | a \rangle$ is a real number and, in fact, in quantum theory the condition is imposed that it is positive (it must correspond to $|\psi|^2$).

The relationship between a physical state and a ket is what is called a *ray representation*, meaning that $| a \rangle$ and $\lambda | a \rangle$ represent the same physical state for any non-zero complex number λ.

8. Eigenvectors and eigenvalues

Operators on vector spaces are defined by their effect of turning kets into other kets:

$$O | a \rangle = | a' \rangle. \tag{8.1}$$

In quantum theory, operators are the way in which observable quantities are represented in the formalism (compare with the operators (4.1) acting on a wavefunction). Significant expressions are the numbers that arise as bra-operator-ket 'sandwiches' (called 'matrix elements'; they are related to probability amplitudes):

$$\langle \beta | O | a \rangle. \tag{8.2}$$

The *hermitean conjugate* of an operator, $O^\dagger$, is defined by the relation between matrix elements:

$$\langle \beta | O | a \rangle = \langle a | O^\dagger | \beta \rangle^*. \tag{8.3}$$

Special significance attaches to operators that are their own hermitean conjugate:

$$O^{\dagger} = O. \tag{8.4}$$

They are called *hermitean*, and only such operators represent physically observable quantities.

Since the results of actual observations are always real numbers, to make physical sense of this scheme there has to be a way of associating numbers with operators. This is established using the ideas of *eigenvectors* and *eigenvalues*. If an operator O turns a ket $|\,a\rangle$ into a numerical multiple of itself,

$$O\,|\,a\rangle = \lambda\,|\,a\rangle, \tag{8.5}$$

then $|\,a\rangle$ is said to be an eigenvector of O with eigenvalue λ. It can be shown that the eigenvalues of hermitean operators are always real numbers.

The physical interpretation corresponding to these mathematical facts is that the real eigenvalues of an observable are the possible results that can be obtained by measuring that observable, and the associated eigenvectors correspond to the physical states in which that particular result will be obtained with certainty (probability one). Only two observables whose corresponding operators commute will be simultaneously measurable.

9. The uncertainty relations

The discussion of the gamma-ray microscope has shown that quantum measurement forces on the observer some trade-off between good spatial resolution (short wavelength) and small disturbance (low frequency). Putting this balance into quantitative terms leads to the Heisenberg uncertainty relations, where it is found that the uncertainty in position, Δx, and the uncertainty in momentum, Δp, cannot have a product $\Delta x \,.\, \Delta p$ whose magnitude is less than the order of Planck's constant $\hbar$.

10. Schrödinger and Heisenberg

If H is the Hamiltonian (energy operator), Schrödinger's equation reads,

$$i\hbar \frac{\partial |a, t\rangle}{\partial t} = H|a, t\rangle. \tag{10.1}$$

If H does not depend explicitly on time, as is usually the case, (10.1) can be solved formally by writing

$$|a, t\rangle = e^{-iHt/\hbar}|a, 0\rangle. \tag{10.2}$$

The physical consequences of the theory all derive from the properties of matrix elements of the form $\langle a|O|\beta\rangle$. Writing out explicitly the time-dependence (10.2) gives

$$\langle a, 0|e^{iHt/\hbar}. O . e^{-iHt/\hbar}|\beta, 0\rangle. \tag{10.3}$$

Associating the terms together in a different way gives

$$\langle a, 0|. e^{iHt/\hbar}Oe^{-iHt/\hbar} .|\beta, 0\rangle \tag{10.4}$$

where now the time-dependence has been thrust, so to speak, onto a time-dependent operator

$$O(t) = e^{iHt/\hbar}Oe^{-iHt/\hbar} \tag{10.5}$$

(10.5) can then be treated as the solution of the differential equation

$$i\hbar \frac{\partial O(t)}{\partial t} = OH - HO = [O, H]. \tag{10.6}$$

This way of thinking about quantum theory, in which time-dependence is associated with the operator observables rather than with the states, is just the way in which Heisenberg originally approached the matter. Thus the discussion of the section has demonstrated the equivalence of the approaches of the two great founding figures of quantum theory, despite the appearance initially of their having treated the question so very differently.

11. Statistics

If 1 and 2 are identical and indistinguishable particles, then $|1,2\rangle$ and $|2,1\rangle$ must correspond to the same physical state. Because of the ray representation character of the formalism (see section 7), this implies that

$$|2,1\rangle = \lambda\,|1,2\rangle \tag{11.1}$$

where λ is the number. However, interchanging 1 and 2 twice is no change at all and so it must restore exactly the original situation. Therefore it must be the case that

$$\lambda^2 = 1, \tag{11.2}$$

giving the two possibilities, $\lambda = +1$ (bose statistics), or $\lambda = -1$ (fermi statistics).

12. The Dirac equation

On the memorial tablet to Paul Dirac in Westminster Abbey, there is engraved the equation:

$$i\gamma\partial\psi = m\psi. \tag{12.1}$$

It is his celebrated relativistic wave-equation for the electron, written in a four-dimensional spacetime notation and (using the physical units natural to quantum theory that set $\hbar = 1$). The γs are 4 by 4 matrices and ψ is what is called a four-component spinor (2 (spin) times 2 (electron/positron) states). That is as far as we can take the matter in an introductory book of this kind, but, whether on paper, on the page, or on stone in the Abbey, the onlooker should have the opportunity to pay respect to what is one of the most beautiful and profound equations in physics.

“牛津通识读本”已出书目

古典哲学的趣味
人生的意义
文学理论入门
大众经济学
历史之源
设计，无处不在
生活中的心理学
政治的历史与边界
哲学的思与惑
资本主义
美国总统制
海德格尔
我们时代的伦理学
卡夫卡是谁
考古学的过去与未来
天文学简史
社会学的意识
康德
尼采
亚里士多德的世界
西方艺术新论
全球化面面观
简明逻辑学
法哲学：价值与事实
政治哲学与幸福根基
选择理论
后殖民主义与世界格局
福柯
缤纷的语言学
达达和超现实主义
佛学概论
维特根斯坦与哲学
科学哲学
印度哲学祛魅
克尔凯郭尔
科学革命
广告
数学
叔本华
笛卡尔
基督教神学
犹太人与犹太教
现代日本
罗兰·巴特
马基雅维里
全球经济史
进化
性存在
量子理论
牛顿新传
国际移民
哈贝马斯
医学伦理
黑格尔
地球
记忆
法律
中国文学
托克维尔
休谟
分子
法国大革命
丝绸之路
民族主义
科幻作品
罗素
美国政党与选举
美国最高法院
纪录片
大萧条与罗斯福新政
领导力
无神论
罗马共和国
美国国会
民主
英格兰文学
现代主义
网络
自闭症
德里达
浪漫主义

批判理论
电影
俄罗斯文学
古典文学
大数据
洛克
幸福
免疫系统
银行学
德国文学
戏剧
腐败
医事法
癌症
植物
法语文学
微观经济学
湖泊
儿童心理学
时装
现代拉丁美洲文学
卢梭
隐私
电影音乐
抑郁症
传染病